"十四五"职业教育国家规划教材

高等职业教育云计算系列教材

"十三五"江苏省高等学校重点教材

U0150192

云上运维及应用实践教程
（第2版）

李建林　殷晓春　史海峰　主　编

廖　帆　孔　枫　刘力凯　副主编

电子工业出版社.

Publishing House of Electronics Industry

北京·BEIJING

内 容 简 介

本书是典型的项目案例化教材，共分为12章，主要内容以架构一个典型企业的云服务器、云数据库服务器、云存储服务器、负载均衡、高速缓存等，能满足企业基本云服务的功能为主线，通过一个个典型的任务逐步完成企业云计算服务的搭建。本书将一个完整的云服务工程案例细化成相对独立的工作任务，每个工作任务中既有技术原理知识的讲解，也包括基本实操训练的内容，再通过若干前后衔接的工作任务完成相对独立的项目乃至整个工程案例。

为了方便广大读者学习，书中涉及的所有任务的模拟操作都可以在阿里云、华为云和腾讯云平台上实现，读者还可以通过扫描书中的二维码观看微课视频以及获取习题参考答案。

本书可作为高等院校云计算技术与应用、计算机网络技术、计算机应用技术、移动应用技术等相关专业的教材，也可供广大从事云计算相关工作的工程技术人员参考。

"十三五"江苏省高等学校重点教材（编号：2017-2-132）

图书在版编目（CIP）数据

云上运维及应用实践教程 / 李建林，殷晓春，史海峰主编. —2 版. —北京：电子工业出版社，2023.6
ISBN 978-7-121-45684-8

Ⅰ．①云…　Ⅱ．①李…　②殷…　③史…　Ⅲ．①云计算－高等学校－教材　Ⅳ．①TP393.027

中国国家版本馆 CIP 数据核字（2023）第 092974 号

责任编辑：贺志洪
印　　刷：三河市龙林印务有限公司
装　　订：三河市龙林印务有限公司
出版发行：电子工业出版社
　　　　　北京市海淀区万寿路 173 信箱　邮编 100036
开　　本：787×1 092　1/16　印张：16　字数：409.6 千字
版　　次：2019 年 10 月第 1 版
　　　　　2023 年 6 月第 2 版
印　　次：2024 年 12 月第 4 次印刷
定　　价：48.00 元

序

　　IT 领域的"云计算"在 2007 年还是个未知概念，到了 2014 年，"云计算"不仅已经家喻户晓，近几年随着更多的企业采用云计算模式，云计算服务已融入到我们的日常生活中。在基于云计算技术支撑的平台上，创造了一个又一个飞速发展的新纪录。例如，阿里巴巴的天猫商城在 2019 年"双 11"的交易额达到 2684 亿元，电子商务平台的交易峰值达到 54.4 万笔/秒，是 2009 年第一次"双 11"时的 1360 倍。目前，"云计算"在 IT 领域的发展模式已经不再局限于令人瞠目的数字上，而是开始向传统支柱产业乃至国家整体经济与社会领域快速渗透。云计算已经落地生根，并快速发展壮大，"像用电一样使用云服务"的云计算理想虽然还未完全实现，但距离这个目标已经越来越近了。

　　DT（Data Technology）时代，互联网是基础设施，云计算是公共服务，大数据是核心资产，人才是发动引擎。从 2016 年开始，我国的云计算进入快速发展阶段，国务院也将云计算列为重点战略新兴产业，未来的十多年，我国乃至全球各产业对云计算人才的需求将呈爆发式增长，预计云计算相关人才每年将出现数十万的缺口。在云计算时代，年龄、资历和职称都不再是科研创新的门槛，各层次的人才都可以广泛参与和承担云平台类产品的应用开发与维护，大学生在云计算领域的自主创新应用成果将是个人能力认证的重要依据。

　　教育部为配合"互联网+"时代产业发展的需要，已增设了"云计算技术与应用""云计算技术服务"专业，促进高校培养更多的掌握云计算相关技术的人才，推动高校联合企业进行系统性的云计算人才培养，解决学生就业、企业用人、政府新兴产业落地等问题，这同时体现了高校以区域新兴产业为支撑，发挥服务社会的功能，形成了很好的示范效应。为了更好地满足高校的教学需要，阿里云计算有限公司、江苏知途教育科技有限公司和南京信息职业技术学院共同策划、组织编写了本教材。

　　本书的编写团队在云计算技术原理、目标岗位人才能力模型设计和人才培养课程设置等方面都有着深刻的理解，以"慕课云"工程项目从传统 IOE 架构向云架构迁移为线索，由浅入深地阐述了公共云中的云服务器、云数据库、云存储、云负载均衡、弹性伸缩、网络内容分发 CDN、虚拟网络、云监控、云盾等基本的概念、技术原理、编码和实战技巧。此外，读者可以通过动手操作的方式完成项目在云中安装、代码调试、部署和运维的全过程，实现"做中学"。本书对有志于从事云计算开发、运维和架构设计的学习者来说，是一本不可多得的好教材。

　　希望本书的所有读者，在了解云计算技术的同时，都能够积极投身到云计算产业的实践中来。只有更多的人认识云计算，才能挖掘出更多云计算的价值，云计算产业才会源源不断地迸发出蓬勃发展的动力，相信本书读者中的很多人都将成为云计算产业的中坚力量。

　　在本书编写过程中，编写团队将阿里云作为公共云的基础实训平台，阿里云推出的大学合作计划 AUCP（Aliyun University Cooperation Program）也为高校师生提供各种云计算教育资源和配套技术服务，相信本书的出版将对中国云计算产业人才培养起到积极的推动作用。

教育部科技发展中心

李志民

本书拓展微课视频目录

序　号	视频文件名	序　号	视频文件名
1	01-01-注册和登录阿里云.mp4	12	08-01-弹性伸缩简介及特点.mp4
2	02-01-什么是云服务器 ECS.mp4	13	08-02-弹性伸缩产品概念综述
3	02-02-ECS 的特点.mp4	14	09-01-什么是阿里云虚拟专有网络 VPC.mp4
4	03-01-云数据库 RDS 概要和功能.mp4	15	09-02-阿里云 VPC 的应用场景.mp4
5	03-02-云数据库 RDS 的特点.mp4	16	10-01-云盾概要介绍.mp4
6	04-01-阿里云 OSS 的特点.mp4	17	10-02-云盾的网络级防护.mp4
7	04-02-阿里云 OSS 应用场景介绍.mp4	18	11-01-什么是云监控.mp4
8	05-01-阿里云 SLB 的特点.mp4	19	11-02-云监控概要
9	05-02-阿里云 SLB 的应用场景.mp4	20	12-01-CLI 概要介绍.mp4
10	07-01-CDN 概要——产生的背景.mp4	21	12-02-CLI 的设计和应用场景.mp4
11	07-02-阿里云 CDN 的应用场景.mp4		

PREFACE 前言

　　云计算（Cloud Computing）是网格计算（Grid Computing）、分布式计算（Distributed Computing）、并行计算（Parallel Computing）、效用计算（Utility Computing）、网络存储（Network Storage）、虚拟化（Virtualization）、负载均衡（Load Balance）等传统计算机技术和网络技术发展融合的产物。它旨在通过网络把多个成本相对较低的计算实体整合成一个具有强大计算能力的完美系统，并借助 SaaS、PaaS、IaaS 和 MSP（Managed Service Provider，管理服务供应商）等先进的商业模式将强大的计算能力分布到终端用户手中。云计算的一个核心理念就是通过不断提高"云"的处理能力，进而减少用户终端的处理负担，最终使用户终端简化成一个单纯的输入/输出设备，并能享受"云"的强大计算处理功能，统一管理和调度大量通过网络连接起来的计算资源，构成一个计算资源池，向用户提供按需服务。

　　云计算具有超大规模、虚拟化、高可靠性、通用性、高可扩展性、按需服务、极其廉价等特点，为中小企业提供了一种廉价的云服务解决方案。本书主要介绍了云计算技术的高级应用知识，以及如何利用目前流行的公有云平台（阿里云、华为云、腾讯云等）为一个典型企业提供更好的云服务。书中内容囊括了作者多年从事云计算技术应用与维护工程行业的教学培训和实际工程经验，并得到了来自阿里云计算有限公司、江苏知途教育科技有限公司等单位的工程师、技术人员的大力支持和帮助。

　　本书是典型的项目案例化教材，共分为 12 章，主要内容以架构一个典型企业的云服务器、云数据库服务器、云存储服务器、负载均衡、高速缓存等，能满足企业基本云服务的功能为主线，通过一个个典型的任务逐步完成企业云计算服务的搭建。其中，第 1 章导学，主要介绍云计算技术与应用基础知识，阿里云、华为云、腾讯云计算相关产品；第 2 章基础架构之云服务器，主要介绍如何购买云服务器（ECS）、创建云服务器实例、连接云服务器、在云服务器上部署 Web 应用、挂载云盘、对云服务器磁盘进行扩容、创建云服务器快照及镜像、释放云服务器等；第 3 章基础架构之云数据库，主要介绍云数据库的基础知识、阿里云云数据库（RDS）、创建云数据库实例、云数据库迁移、云数据库的备份和恢复、只读云数据库实例的使用、灾备实例的使用、释放云数据库等；第 4 章基础架构之对象存储，主要介绍云存储的相关基础知识、阿里云存储（OSS）、开通 OSS 服务、使用 API 上传文件到 OSS、自定义域名绑定、防盗链设置、静态网站托管、日志设置、释放 OSS 等；第 5 章基础架构之负载均衡，主要介绍负载均衡的基础知识、阿里云负载均衡（SLB）、使用 SLB 提高应用系统稳定性、

SLB 证书管理、删除负载均衡实例等；第 6 章基础架构之高速缓存，主要介绍高速缓存基础知识、阿里云云数据库 Redis 版、使用 Redis 缓存热点数据、释放 Redis 等；第 7 章弹性架构之 CDN，主要介绍云计算弹性架构知识、内容分发网络（CDN）、阿里云弹性架构产品、使用 CDN 加速网站视频、删除 CDN 域名等；第 8 章弹性架构之弹性伸缩，主要介绍弹性伸缩的基础知识、阿里云弹性伸缩模式、弹性伸缩调整、停止弹性伸缩服务等；第 9 章弹性架构之专有网络，主要介绍专有网络的基础知识、阿里云专有网络（VPC）、架构 VPC、删除 VPC 等；第 10 章安全架构之云安全，主要介绍云盾的基础知识、阿里云云盾、主机防护（安骑士的使用）、网络级防护（基础防护）等；第 11 章安全架构之云监控，主要介绍云监控的基础知识、阿里云云监控、使用云监控进行站点监控、使用云监控进行产品监控等；第 12 章阿里云 API 及工具的使用，主要介绍 API 的基础知识、API 的使用方法、软件开发工具包 SDK 应用、云产品运维工具箱 CLI 的使用等。

由于云平台及相关产品更新较快，而教材内容无法做到实时更新，所以在第 2 章～第 12 章的每章开篇处各设有二维码，用于定期更新相关内容。

本书将一个完整的云服务工程案例细化成相对独立的工作任务，每个工作任务中既有技术原理知识的讲解，也包括基本实操训练的内容，再通过若干前后衔接的工作任务完成相对独立的项目乃至整个工程案例。

本书可作为高等院校云计算技术与应用、计算机网络技术、计算机应用技术、移动应用技术等相关专业的教材，也可供广大从事云计算相关工作的工程技术人员参考。

为了方便广大读者学习，书中涉及的所有任务的模拟操作都可以在阿里云平台（www.aliyun.com）、腾讯云平台（www.cloud.tencent.com）和华为云平台（www.huaweicloud.com）上实现。

读者可以通过扫描书中的二维码观看拓展微课视频以及获取习题参考答案。

本书实操环节的相关素材都可以从知途网（opensource.chinamoocs.com）下载。

本书配套电子教案可从华信教育资源网（www.hxedu.com.cn）免费下载。

参加本书编写的人员有南京信息职业技术学院的李建林、殷晓春、史海峰、廖帆、孔枫、刘力凯，江苏知途教育科技有限公司的俞京华，由李建林、殷晓春、史海峰担任主编，由廖帆、孔枫、刘力凯担任副主编。其中，李建林、殷晓春、史海峰共同完成第 1 章、第 2 章、第 3 章、第 4 章、第 5 章和第 12 章的编写；俞京华、刘力凯共同完成第 6 章和第 7 章的编写；廖帆、孔枫共同完成第 8 章、第 9 章、第 10 章和第 11 章的编写。江苏知途教育科技有限公司提供了本书相关的电子学习资源，阿里云计算有限公司提供了项目模拟运行、验证的平台教学资源。

由于时间仓促，加之编者水平有限，书中不妥和错误之处在所难免，恳请广大读者批评指正。

编者联系邮箱：29253833@qq.com

编　者

CONTENTS 目录

第 **1** 章

导学

1.1 什么是云计算

1.1.1 云计算的发展历程

在云计算高速发展的今天，阿里巴巴不仅是一家电子商务公司，华为也不仅是一家生产用户交换机的销售代理，而 Amazon 不再是一个卖书的网站，Microsoft 也不仅是一个操作系统公司，Google 也不单单是搜索引擎。作为 IT 巨头，它们都在不断地推出云计算相关服务和解决方案。在国内，百度、阿里巴巴、腾讯、华为等公司也纷纷推出自家的云平台。在未来，每个人的工作和生活都将离不开云计算提供的个性化云服务。要想清楚地认识云计算，必须先了解它的发展历程。云计算发展大致经历了下面 5 个阶段。

1．前期积累阶段

分布式计算、网格计算、虚拟化等技术的成熟，是云计算概念形成以及云服务技术和概念形成的技术基础。

2．云服务初现阶段

1999 年 3 月，Salesforce 成立，成为最早出现的 SaaS（Software as a Service，软件即服务）服务商；1999 年 9 月，Loudcloud 成立，成为最早的 IaaS（Infrastructure as a Service，基础设施即服务）服务商；2005 年，Amazon 推出 AWS 服务。在此阶段，SaaS/IaaS 云服务逐渐被市场接受。

3．云服务形成阶段

2007 年，Salesforce 发布 Force.com，即 PaaS（Platform as a Service，平台即服务）服务；2008 年 4 月，Google 推出 GoogleAppEngine。此时，云服务的三种形式（SaaS、IaaS、PaaS）全部出现，IT 企业、电信运营商、互联网企业纷纷推出自己的云服务。

4．云服务快速发展阶段

2009—2014 年，云服务种类日趋完善、多样。传统企业开始通过自身能力，以扩展收购等模式投入云服务。百度、阿里巴巴、腾讯、华为等互联网和 IT 企业分别从不同的角度开始提供不同层面的云计算服务。

5．云服务日渐成熟阶段

云计算正在逐步突破互联网市场的范畴，政府、公共管理部门、各行业企业也开始接受云服务的理念，并开始将传统的自建 IT 方式转为使用公共云服务方式。云服务将真正进入其产业的成熟期，云产品的功能将不断健全，市场格局也将趋向稳定。

当前，随着全社会的数字化转型，云计算的渗透率大幅提升，市场规模持续扩张，我国云计算产业呈现稳健发展的良好态势。同时，技术和产业创新不断涌现，新技术、新产品和新模式不断推动着云计算的变革。

1.1.2 云计算的基本概念及特点

云计算将计算分布在大量的分布式计算机上，使得用户能够将资源切换到需要的应用上，根据需求访问计算机和存储系统。这就好比是从古老的单台发电机模式转向了电厂集中供电的模式。它意味着计算能力也可以作为一种商品进行流通，就像煤气、水电一样，取用方便，费用低廉。最大的不同在于，它是通过互联网进行传输的。

关于云计算的定义有很多种，维基百科给云计算下的定义是：云计算将 IT 相关的能力以服务的方式提供给用户，允许用户在不了解提供服务的技术、没有相关知识以及设备操作能力的情况下，通过 Internet 获取需要的服务。现阶段被大众广为接受的是美国国家标准与技术研究院（NIST）给出的定义：云计算是一种按使用量付费的模式，这种模式提供可用的、便捷的、按需的网络访问，进入可配置的计算资源共享池（资源包括网络、服务器、存储、应用软件、服务），这些资源能够被快速提供，只需投入很少的管理工作，或与服务供应商进行很少的交互。

云计算具备以下几个重要特征。

1．虚拟化技术，提供高可靠的服务

云计算将计算、网络和存储资源通过提供虚拟化、容错和并行处理的软件，转化成可以弹性伸缩的服务，使用了数据多副本、计算节点同构可互换等措施来保障服务的高可靠性。在大多数情况下，使用云计算比使用本地计算机更可靠。

2．弹性伸缩，提供高可扩展的服务

"云"的规模可以动态伸缩，可以快速实现资源的动态分配，满足应用和用户规模增长的需要。当然，在不需要时，资源也可以及时释放。

3．按需自助服务，提供量化的服务

"云"是一个庞大的资源池，可以像自来水、电、煤气那样计费。其服务是可计量的，付费标准是根据用户的用量收费。在存储和网络宽带技术中，已广泛使用了这种即付即用的方式。

4．广泛的网络访问，提供无所不在的服务

云计算的组件和整体架构由网络连接在一起并存在于网络中，同时通过网络向用户提供服务。而客户可借助不同的终端设备，通过标准的应用实现对网络的访问，从而使得云计算的服务无所不在。云计算支持用户在任意位置、使用各种终端获取应用服务，只需要一台计算机或者一部手机（或其他移动智能终端），就可以通过网络服务来实现，甚至包括超级计算这样的服务。

5．极其廉价，提供更经济的服务

由于"云"采用极其廉价的节点来构成云，在达到同样性能的前提下，组建一个超级计

算机所消耗的资金很多，而云计算需要的费用与之相比要少很多。"云"的自动化集中式管理使大量企业无须负担日益高昂的数据中心管理成本，"云"的通用性使资源的利用率较之传统系统大幅提升，因此用户可以充分享受"云"的低成本优势，经常只要花费几百元、几天时间就能完成以前需要数万元、数月时间才能完成的任务。

总之，云计算改变了 IT 建设模式，从自建机房、自购硬件和基础软件、自己运维的方式转变成购买云服务。客户不用再关注 IT 基础设施，腾出精力去关注应用，做好核心业务。云计算帮助客户节省 IT 成本，具有灵活的高扩展能力、高安全性，提供海量的存储与计算能力，以及优质的网络。云计算让客户的业务互联网化，同时也改变了 IT 投资结构，从 8∶2 变成 2∶8（商业软硬件∶业务应用）。

1.1.3 云计算的服务模式

云计算提供的服务类别，一般来说包括 IaaS、PaaS 和 SaaS 三类，基础设施在最下端，平台在中间，软件在顶端。

1. IaaS（Infrastructure as a Service，基础设施即服务）

IaaS 包括硬件和软件，以服务的方式提供例如服务器、存储、网络等计算资源。IaaS 将成为未来互联网和信息产业发展的重要基石。

2. PaaS（Platform as a Service，平台即服务）

PaaS 是一套工具服务，可以为编码和部署应用程序提供快速、高效的服务。向下使用云计算资源，向上对云服务的构建和部署提供支撑，如数据库、中间件等平台资源。PaaS 被誉为未来互联网的"操作系统"，与 IaaS 相比，PaaS 对应用开发者来说将形成更强的业务黏性，因此 PaaS 着重于构建和形成紧密的产业生态。

3. SaaS（Software as a Service，软件即服务）

SaaS 通过网络运行，为最终用户提供应用服务，如 ERP、办公服务、商业智能等具有特定能力的服务。SaaS 是发展最为成熟的一类云服务。传统软件产业以售卖拷贝为主要商业模式，SaaS 服务采用 Web 技术和 SOA 架构（Service Oriented Architecture），通过互联网向用户提供多租户、可定制的应用能力，大大缩短了软件产业的渠道链条，使软件提供商从软件产品的生产者转变为应用服务的运营者。

1.1.4 云计算服务商

根据云服务的形式，云计算服务商也包含如下三类。

1. SaaS 服务商

提供通用型应用软件服务，如客户关系管理、协作软件服务、人力资源管理服务、ERP 服务以及垂直类应用服务（如游戏类、电商类应用服务）。对于使用此类服务的用户来说，不需要关注任何底层的软件或硬件资源，直接使用上层的服务。SaaS 服务商主要有国外的 Google、Salesforce、Oracle、Microsoft Azure 等，国内的北森、用友、金蝶、商派等。

2．PaaS 服务商

提供可伸缩的应用程序环境，能够灵活地开发任何类型的应用，不受限于平台可用的框架。对于使用此类服务的用户来说，则不需要关注任何底层硬件资源的概念。PaaS 服务商主要有国外的 AWS、Microsoft Azure、Google，国内的阿里云、腾讯云、新浪云以及 Ucloud 等。

3．IaaS 服务商

把硬件及硬件相关的软件作为服务交付，包括计算资源、存储、CDN 以及负载均衡、安全服务等。这些实现都基于虚拟化技术和分布式计算与存储技术。IaaS 服务商主要有国外的 AWS、Microsoft Azure、IBM Softlayer，国内的阿里云、腾讯云、华为云、Ucloud、中国电信及青云等。

注：本书中案例及任务的实施都将基于阿里云、腾讯云和华为云的平台完成，但限于篇幅问题，不能全部收集至本书中，读者可以扫描书中每个任务右侧的二维码进行各种云平台学习和实践，编者将不定期更新内容。

1.2 国产云平台介绍

1.2.1 阿里云平台

阿里云是阿里巴巴集团旗下的云计算服务供应商。阿里云技术在阿里巴巴集团内部通过海量的客户及大量高并发业务进行验证，除了用云计算支撑自己的业务，同时把云服务开放出来帮助更多的企业。淘宝、天猫、蚂蚁金服等大家熟知的阿里系产品均构建在阿里云之上。

目前，阿里云服务范围覆盖全球 200 多个国家和地区，拥有 230 万家客户以及数万家独立软件开发服务商，为广大互联网企业提供云计算产品以及架构解决方案。阿里云秉承"为了无法计算的价值"理念，致力于打造公共、开放的云计算服务平台，成为全球云计算大数据的领导者之一。

阿里云自主研发完成的公共云计算平台，被称为飞天开放平台（以下简称飞天），其中包括飞天内核和飞天开放服务，主要解决规模计算的问题。

飞天内核负责管理数据中心 Linux 集群的物理资源，控制分布式程序运行，隐藏下层故障恢复和数据冗余等细节，有效提供弹性计算和负载均衡。

飞天内核包含的模块可以分为以下几个部分。

1．分布式系统底层服务

提供分布式环境下所需要的协调服务、远程过程调用、安全管理和资源管理等服务。这些底层服务为上层的分布式文件系统、任务调度等模块提供支持。

2．分布式文件系统

提供一个海量的、可靠的、可扩展的数据存储服务，将集群中各个节点的存储能力聚集起来，并能够自动屏蔽软硬件故障，为用户提供不间断的数据访问服务；支持增量扩容和数据的自动平衡，提供类似于 POSIX（可移植操作系统接口）的用户空间文件访问 API，支持随机读写和追加写的操作。

3．任务调度

为集群系统中的任务提供调度服务，同时支持强调响应速度的在线服务和强调处理数据吞吐量的批处理任务；自动检测系统中的故障和热点，通过错误重试，针对长尾作业并发备份作业等方式，保证作业稳定可靠地完成。

4．集群监控和部署

对集群的状态和上层应用服务的运行状态及性能指标进行监控，对异常事件产生警报和记录；为运维人员提供整个飞天开放平台以及上层应用的部署和配置管理，支持在线集群扩容、缩容和应用服务的在线升级。

飞天的体系架构如图 1.1 所示。

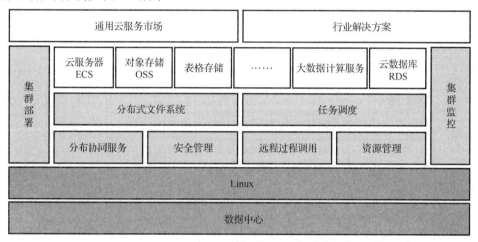

图 1.1　飞天的体系架构

飞天开放服务为用户应用程序提供了计算和存储两方面的接口和服务，包括云服务器 ECS（Elastic Compute Service）、对象存储 OSS（Object Storage Service）、表格存储（Table Store）、云数据库 RDS（ApsaraDB for RDS）和大数据计算服务（MaxCompute）等。

目前，在飞天平台上运行着一系列服务和产品，包含弹性计算、数据库、存储与 CDN（Content Delivery Network，内容分发网络）、大规模计算、安全与管理、应用服务、互联网中间件等 200 多个产品。

1.2.2　腾讯云平台

腾讯云是腾讯公司旗下的云计算服务供应商，为开发者及企业提供云服务、云数据、云运营等整体一站式服务方案，具体包括云服务器、云存储、云数据库和弹性 Web 引擎等基础云服务。另外，腾讯云分析、腾讯云推送（信鸽）、QQ 互联、QQ 空间、微云、微社区等整体大数据能力和云端链接社交体系，打造了支持各种互联网使用场景的高品质的腾讯云技术平台。

腾讯云已经在全球 27 个地理区域运营着 70 个可用区，遍布全球的基础设施节点为用户提供快速稳定、智能可靠的服务。从基础架构到精细化运营，从平台实力到生态能力建设，腾讯云将之整合并面向市场，使之能够为企业和创业者提供集云计算、云数据、云运营于一体的云端服务体验。

目前腾讯云主要产品包括云服务器、云资料库、CDN、云安全、万象图片和云点播等，开发者通过接入腾讯云平台，可降低初期创业的成本，能更轻松地应对来自服务器、存储和频宽的压力。

腾讯云计算提供整体一体化云解决方案，其架构的主要特点如下：

（1）三端一中心的接入。即租户端、运维端和运营端通过统一的 TCenter 的 Web 控制台接入。

（2）架构解耦的控制组件容器化部署，实现基于容器部署的云计算调度和控制系统的灵活部署，以及被部署组件应用的安全隔离、高可用性和弹性伸缩。

（3）利用开源虚拟化技术实现分布式的计算、存储和网络的弹性伸缩服务。

（4）丰富的云产品服务选择，提供基于 IaaS（基础设施即服务）、PaaS（平台即服务）和 SaaS（软件即服务）的一站式服务。

腾讯云具体可以提供的服务产品如图 1.2 所示。

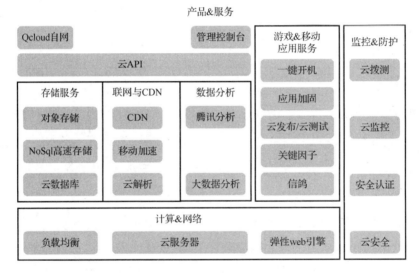

图 1.2　产品服务结构图

1.2.3　华为云平台

华为云是华为公司旗下云计算服务供应商，提供专业的公有云服务，以及弹性云服务器、对象存储服务、软件开发云等云计算服务，以"可信、开放、全球服务"三大核心优势服务全球用户。

华为云立足于互联网领域，提供包括云主机、云托管、云存储等基础云服务；超算、内容分发与加速、视频托管与发布、企业 IT、云计算机、云会议、游戏托管、应用托管等服务和解决方案。华为云通过基于浏览器的云管理平台，以互联网线上自助服务的方式，为用户提供云计算 IT 基础设施服务。

华为云平台管理系统包括三个主要部分：云资源调度管理系统、云运营管理平台和虚拟化资源池，具体如图 1.3 所示。

云资源调度管理系统：统一管理虚拟资源和物理资源，提供虚拟机生命周期管理功能、工作负载管理（整合与迁移）和用户自助服务门户。

云运营管理平台：包括云服务的业务管理、运营管理和业务运营门户三个功能模块，提供了业务管理、工单流程、账务管理、计费功能、客户关系管理、运营门户、产品资源管理等业务运营支撑能力。

虚拟化资源池：监控和管理 IT 基础架构（网络、主机、存储），包括拓扑管理、配置管理、性能管理、流量管理、故障管理和统计报表功能等几个主要模块。

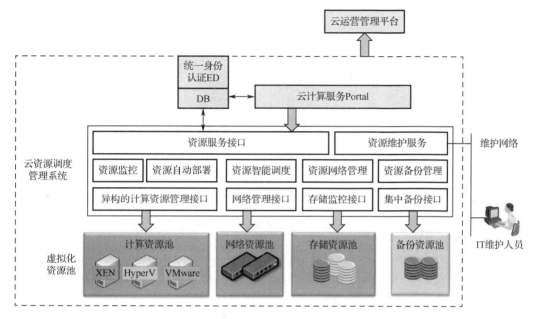

图 1.3　云管理平台架构

1.3　项目案例介绍

本书旨在让学生通过完成一系列的操作任务进行实际操作的学习，书中将一个完整的项目工程案例细化成相对独立的任务，在每个任务中穿插相关的技术原理的讲解和基本任务操作流程说明。本书使用"慕课云"MOOC 平台作为项目案例。

书中相关资源可以从 http://opensource.chinamoocs.com 下载，包含"慕课云"案例的源代码以及网站发布包。

注：配套提供的安全代码仅供参考，也仅限于本书案例学习使用。

1.3.1　案例来源

知途网（www.chinamoocs.com）是江苏知途教育科技有限公司 2015 年发布的在线教育平台，该平台联合企业共同开发课程，提供认证证书，同时根据企业的需求培养人才。该平台可实现学习者在线学习的视频点播、文档查看、练习测评等功能，以及教学者课程制作、课程管理、教学成绩评估等功能。

知途网采用云端部署的方案，使用阿里云云服务器 ECS 部署项目 Web 应用、云数据库 RDS 独立部署项目数据库、对象存储 OSS 存放项目中上传的图片以及课件视频文件、负载均衡 SLB 进行集群化部署、高速缓存 Redis 存储集群环境下用户会话信息、内容分发 CDN 提升用户浏览视频体验、弹性伸缩自动调整高峰期弹性计算资源、云盾进行安全运维管理、云监控监控网站的访问状态，具体部署方案架构如图 1.4 所示。

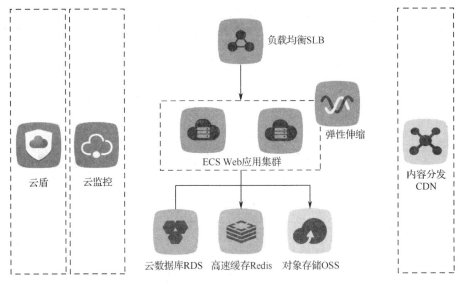

图 1.4　部署方案架构

本书提供的教学项目案例"慕课云"以知途网为原型进行功能裁剪。为了便于学习者更好地将学习的注意力集中在对云产品的使用上，而非教学平台系统的开发上，经过裁剪后的"慕课云"，主要功能包含用户注册和登录、个人信息维护、视频课件上传与在线学习。

本书首先通过"慕课云"的部署，详细讲解了从一台云服务器 ECS 到网站基本架构的过程，如图 1.5 所示。

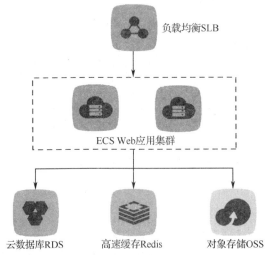

图 1.5　"慕课云"基础架构图

另外，详细讲解了知途网的真实架构部署过程，同时考虑到在实际环境中需要构建出一个隔离的网络环境部署应用场景，还特别讲解了在专有网络架构下的部署，如图 1.6 所示。

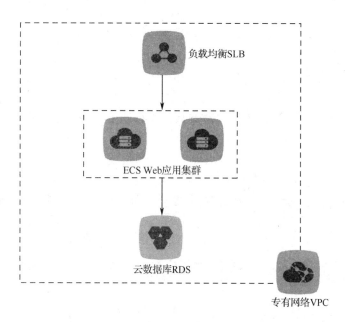

图 1.6 专有网络部署架构

1.3.2 运行环境要求

1. "慕课云"项目部署环境要求

操作系统：CentOS release 6.5 64 位。

JDK 版本：jdk1.7。

数据库：MySQL 8.0.16。

Web 服务器：Nginx1.4+ Tomcat 7.0。

其中，通过 JDK、MySQL、Nginx、Tomcat 在 CentOS 上的一键安装包，可以快速完成部署环境的一键安装。

2. 客户端

操作系统：Windows 7 及以上。

1.3.3 任务综述

本书共分 12 章内容，每章需要完成的主要任务如下：

（1）导学，完成申请阿里云官网账号并完成实名认证任务。

（2）基础架构之云服务器，完成在云服务器 ECS 上部署"慕课云"系统任务。

（3）基础架构之云数据库，将部署在云服务器 ECS 上的"慕课云"系统数据库迁移至云数据库 RDS。

（4）基础架构之对象存储，将部署在云服务器 ECS 上的"慕课云"课件视频存储切换至开放存储服务 OSS。

（5）基础架构之负载均衡，使用负载均衡 SLB 将"慕课云"部署在两台云服务器 ECS 集群环境下。

（6）基础架构之高速缓存，使用云数据库 Redis 版存储"慕课云"系统在集群环境下登录用户的会话信息。

（7）弹性架构之 CDN，使用内容分发网络加速"慕课云"系统中视频在全国各地的播放速度。

（8）弹性架构之弹性伸缩，使用弹性伸缩在"慕课云"系统访问高峰自动调整弹性计算资源。

（9）弹性架构之专有网络，使用专有网络 VPC 将"慕课云"系统部署在校园专网内。

（10）安全架构之云安全，使用云盾保障"慕课云"系统安全运行。

（11）安全架构之云监控，使用云监控实时全方位地掌握"慕课云"系统运行状态。

（12）阿里云 API 及工具的使用，使用 API、SDK 和 CLI 工具管理阿里云产品。

1.4　认识阿里云管理控制台

阿里云管理控制台为用户提供直观简单的 Web 控制界面，方便用户对阿里云账户及所属资源进行管理。每个用户在使用注册的阿里云账号登录后即可进入管理控制台，可以看到顶部导航包含"产品与服务"、"AccessKeys"、"工单服务"以及"帮助与文档"等快速连接，左侧栏是"产品与服务"和"用户中心"导航，内容区域包含账号、工单以及产品功能和升级的信息。阿里云管理控制台（产品与服务）如图 1.7 所示。

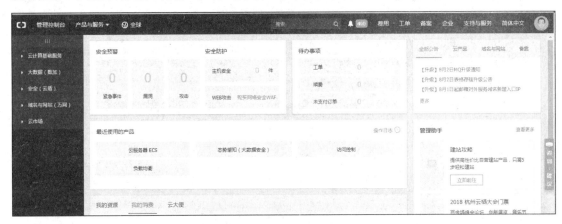

图 1.7　阿里云管理控制台（产品与服务）

1.4.1　产品与服务

在管理控制台可以管理已经开通的各个云产品与服务，左侧栏的"产品与服务"导航是进入各个阿里云产品的快速连接，如单击"云服务器 ECS"，即可进入云服务器 ECS 的管理后台，如图 1.8 所示。

图 1.8 云服务器 ECS 的管理后台

在"产品与服务"的菜单中，可以通过单击"自定义产品与服务"按钮，进行自定义设置，如图 1.9 所示。

图 1.9 进行自定义设置

在弹出的"自定义产品与服务快捷入口"页面中，可以选择需要放入菜单的阿里云云产品，然后单击"确定"按钮即可将经常操作的产品加入以便快速进行管理，如图 1.10 所示。

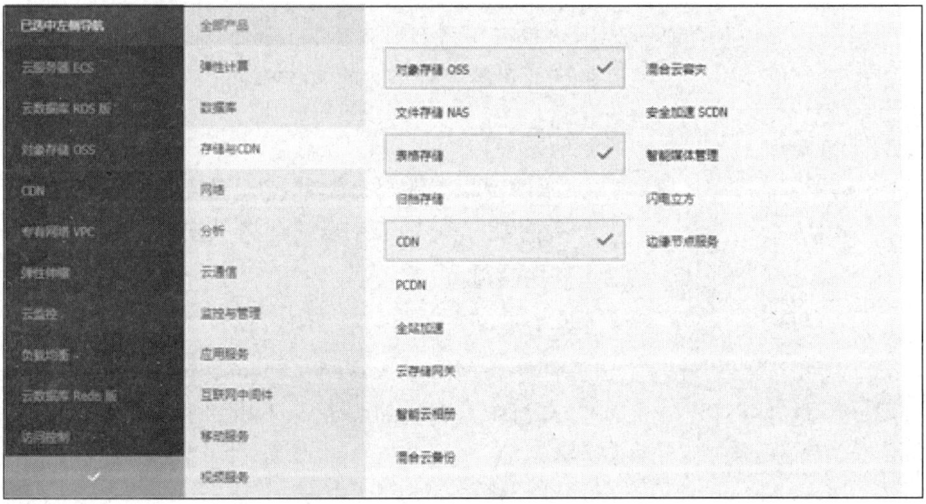

图 1.10 "自定义产品与服务快捷入口"页面

1.4.2　Access Key

在调用 API 时通常需要按照指定规则对请求参数进行签名，当服务器收到请求时会进行签名验证，通过使用 API 密钥，不仅可以界定发送请求用户的身份，同时也可以防止其他人通过某种手段恶意篡改请求的数据。

在使用阿里云云产品 API 时，同样需要 Access Key ID 和 Access Key Secret，它们是访问阿里云 API 的密钥，并具有该账户完全的权限。

在管理控制台顶部导航中，单击"accesskeys"命令，即可进入"Access Key"管理页面，在该管理页面可以看到 Access Key ID 和 Access Key Secret 列表，如图 1.11 所示。

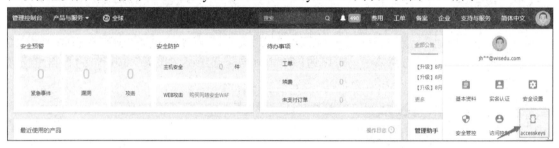

图 1.11　"Access Key"管理页面

其中，Access Key Secret 要在通过手机验证码验证之后才可以看到。

任务 1.1　注册阿里云账号

华为云

腾讯云

任务的实施将基于阿里云、腾讯云和华为云的平台完成，本书以阿里云平台操作描述为主线，华为云和腾讯云平台操作的任务实践，请扫描二维码观看，浏览电子活页中的操作任务进行学习和实践。

1. 任务描述

进入阿里云管理控制台必须使用阿里云账号登录阿里云官网，那么首先就要申请阿里云账号、完成注册、邮件确认、手机验证并设置密保问题及实名认证。

图 1.12　注册页面

2. 任务目标

（1）了解阿里云账号申请的流程以及相关注意事项。

（2）动手完成阿里云账号的注册、安全设置以及实名认证。

3. 任务实施

【准备】

（1）能够访问阿里云官网（www.aliyun.com）的网络环境。

（2）拥有个人 E-mail 邮箱、手机号和支付宝账号。

【步骤】

（1）注册账号。

进入阿里云官网首页（www.aliyun.com），然后进入注册页面，按要求填写会员名、登录密码及手机号，如图 1.12 所示。

在"验证手机"页面，单击"发送验证码"按钮（注：单击后按钮变为"重发验证码"），输入短信中收到的验证码后，单击"确定"按钮，即可完成注册，如图1.13所示。

图1.13 "验证手机"页面

（2）设置安全问题。

在管理控制台的顶部右侧账号管理中，单击"安全设置"，然后单击"密保问题"右侧的"设置"链接，开始设置密保问题，如图1.14所示。

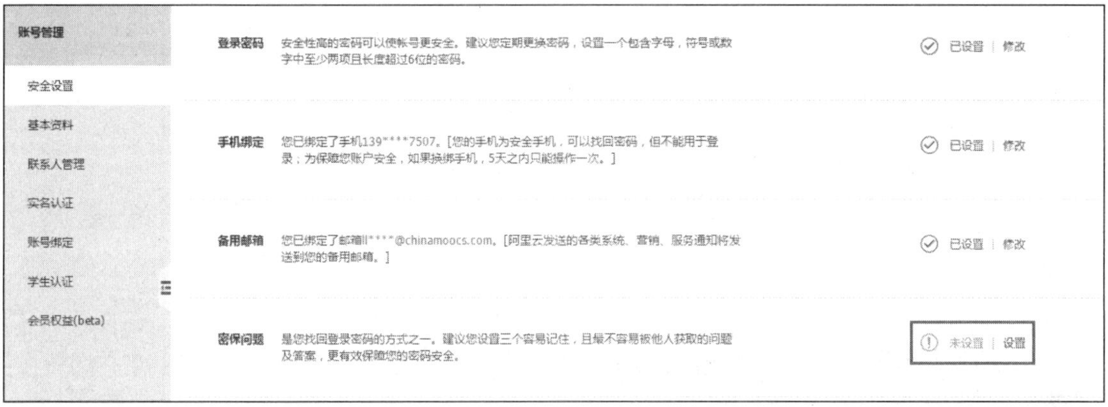

图1.14 设置密保问题

在"验证身份"页面，选择通过"手机验证码"进行验证，如图1.15所示。

图1.15 选择身份验证方式

在"手机验证码"验证身份页面，单击"发送验证码"按钮，输入短信验证码后，单击"确定"按钮后进入下一步，如图1.16所示。

在设置安保问题页面，选择三个安全问题，并设置答案后单击"确定"按钮，如图 1.17所示。

在安保问题确认页面，确认问题及答案无误后，单击"确定"按钮，完成安保问题设置，如图1.18所示。

图 1.16 "手机验证码"验证身份页面

图 1.17 设置安保问题页面

图 1.18 安保问题确认页面

（3）进行实名认证。

在管理控制台的顶部右侧账号管理中，单击"实名认证"，可以看到企业、个人认证，个人
账号实名认证方式有两种：一种是通过个人支付宝完成实名认证；另一种是通过阿里云 App 完成

实人认证，这里选择"个人支付宝认证"，单击"立即认证"按钮，如图 1.19 所示。

图 1.19 实名认证

在支付宝绑定页面，输入用户的支付宝账户名及密码，单击"绑定支付宝账号"按钮，如图 1.20 所示。

图 1.20 支付宝绑定页面

在手机校验页面，获取并输入手机验证码，完成实名认证，再次进入实名认证页面，可以看到实名认证的相关信息，如图 1.21 所示。

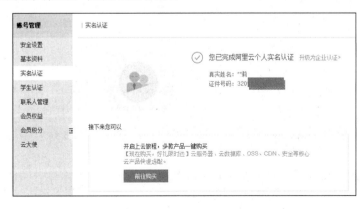

图 1.21 实名认证相关信息

第 **2** 章
基础架构之云服务器

2.1 场景导入

在采用传统的物理服务器时，需要设备拥有者综合考虑成本、维护、安全、应用等诸多因素。通常企事业单位在采购的准备阶段，一方面要预测资源和应用需求，另一方面要考虑硬件设备的质量、规格和部署场地的空间、环境、网络等因素。硬件设备要经过询价、招标、安装、调试的漫长过程。硬件到位后，由管理员部署相应的系统软件和应用软件。软件部署和应用要考虑多线接入的带宽问题，还要考虑服务器安全问题，设置防病毒、防火墙是必不可少的。另外，对于服务器中重要的数据，还应考虑在另一台服务器上进行物理备份。最重要的还有运维问题，人力成本对每家企事业单位都是不可忽视的一笔支出。

公有云服务器的推出，有效地解决了上述问题。用户只需花费不到 10 分钟的时间，就能根据自己的需求部署一台或多台云服务器，可以不用操心包括硬件设备、操作系统等配置和升级以及数据安全等问题，更免于复杂的用量估计和估算。如果未来应用或者访问量增加，甚至可以随时调整云服务器的配置和数量，无须担心低配服务器在业务突增时带来的资源不足问题。

2.2 知识点讲解

2.2.1 云服务器概述

云服务器提供一种简单高效、安全可靠、处理能力可弹性伸缩的计算服务。它的管理比物理服务器更简单高效，用户无须购买硬件，而是根据业务需求，在网上迅速创建或释放任意多台云服务器。从使用者的角度看，云服务器其实就是大规模的物理服务器集群平台上虚拟出来的服务器，用户使用时，其体验与物理服务器并无明显区别。但是与传统服务器业务相比，云服务器租用服务，在投入成本、产品性能、管理能力、扩展能力上都有独特的优势：

（1）相对传统服务器的高额综合信息化成本投入，使用云服务器可以按需付费，有效降低综合成本。

（2）传统服务器难以提供持续可控的产品性能，云服务器可以提供硬件资源的隔离以及独享带宽，从而提供更加稳定的产品性能。

（3）在传统服务器业务中，各种业务管理难度日趋复杂，而云服务器提供集中化的远程管理平台和多级业务备份，大大降低管理的工作量。

（4）传统服务器的服务环境缺乏灵活的业务弹性，而使用云服务器则可以快速进行业务部署与配置，并且随着业务规模的扩大，可以提供弹性扩展能力。

2.2.2 云服务器关键技术

云服务器关键技术有三个：虚拟化技术、分布式存储、资源调度管理。

1. 虚拟化技术

虚拟化是云计算最重要的核心技术之一，可以说，没有虚拟化技术也就没有云计算服务的落地与成功。

从技术上讲，虚拟化是一种在软件中仿真计算机硬件，以虚拟资源为用户提供服务的计算形式，旨在合理调配计算机资源，使其更高效地提供服务。

从表现形式上看，虚拟化又分两种应用模式。一种是将一台服务器虚拟成多个独立的小服务器，服务不同的用户；另一种是将多个服务器虚拟成一个强大的服务器集群，完成特定的功能。这两种应用模式的核心就是统一管理，动态分配资源，提高资源利用率。例如，阿里云可以实现在大规模物理服务器集群上构建虚拟化平台，部署和配置较多数量的虚拟机。虚拟化平台将对整个集群系统中的所有虚拟机进行监控和管理，并可根据实际资源使用情况灵活分配和调度资源，使云服务器成为弹性服务。

2. 分布式存储

分布式存储系统是一种可扩展的网络存储系统结构，利用多台存储物理服务器通过Internet 互联，分担存储负荷，对外提供存储服务。

分布式存储系统所具备的特性包含可扩展、低成本以及易用性。系统可以扩展到几百甚至上千台的集群规模并具备系统整体性。低成本是指基于大规模的集群系统，系统实现自动运维。而易用性是指系统能够提供易用的 API 对外接口，并且具备完善的监控、运维工具，能够方便地与其他系统集成。

分布式存储系统的关键在数据分布、容错力、负载均衡。不同于单个服务器存储，分布式存储系统是将数据均匀分布到多台服务器中，并实现跨服务器读写操作。为了避免一台服务器故障导致数据丢失等问题，需要将数据的多个副本复制到多台服务器，并保证不同副本之间数据的一致性。并且，当一台服务器出现故障时，服务器中的数据以及服务能够迁移到集群中的其他服务器中。在不影响集群正常运行的过程中，实现增加或减少服务器，自动负载均衡，以及数据的迁入迁出不影响已有的服务。

分布式存储的数据主要有三类：非结构化数据、结构化数据和半结构化数据。非结构化数据是指办公文档、文本、图片、图像、音频和视频信息等；结构化数据是指可以用二维表结构表示的，可以储存在关系数据库中的数据；半结构化数据是指介于非结构化数据和结构化数据之间的数据，如 HTML 文档，这种结构数据的特点是将数据模式结构与内容混在一起，没有明显区分，也不需要预先定义模式结构。

针对不同的数据结构类型，目前流行的分布式存储系统有 GFS、HDFS、Ceph、TFS 等，而 Amazon Dynamo 使用了分布式键值系统（一种表格模型），支持针对 key-value 的增、删、改操作，支持购物车应用；Windows Azure Storage（WAS），Microsoft 开发的数据存储系统，广泛用于社会化网络、视频、游戏、Bing 搜索等业务；OceanBase，一种可扩展的关系数据库，实现数千亿条记录、数百 TB 数据量的跨行跨表事务，支持收藏夹、直通车报表、天猫评价等在线业务，线上数据量超过 1 千亿条。

3．资源调度管理

云上资源调度是指在特定的资源环境下，针对不同的资源使用需求或者计算任务实现资源调整的过程。不同于单机设备，云计算系统所依赖的硬件设备及处理的资源规模非常大。例如，物理服务器少则几百台，多则上万台，这些大规模的服务器集群及其中运行的数以千计的应用和资源都需要引进分布式资源管理技术。当集群上某个节点出现故障时，系统拥有有效的机制保障其他节点不受影响，同时在服务正常运行的前提下，将故障节点的数据自动迁移到其他节点上，这些都运用了资源调度管理技术。

云上海量资源调度的关键问题在于数据动态迁移以及对资源进行实时监控和管理。这两项管理都带来技术上的难点，比如关于数据的动态迁移，要求迁移虚拟机，双方物理机共享使用一个存储服务，而当虚拟机数量非常多时，存储服务可能会遇到瓶颈，那么需要的技术必须能支持虚拟机镜像文件在不同的存储服务之间进行动态迁移；在数据动态迁移过程中，要求网络配置是不变的，那么资源调度需要有支持网络配置修改的解决方案。

关于对云计算环境的资源进行实时监控和管理，由于云计算环境中资源规模大、种类多，对于成千上万的计算任务，资源调度管理需要提供一个有效的调度算法，并在精确性和速度上进行平衡，从而完成各项计算任务。

资源调度管理面临的挑战很多。事实上，全球各大云计算服务提供商都有各自不同的分布式资源调度解决方案，其中比较著名的有 Google 内部使用的 Borg 技术以及 Kubernetes 技术。另外，Microsoft、IBM、Oracle 等云计算巨头都有相应的分布式资源管理策略。部分解决方案可搜索相关官方网站或者下载文献资料进行学习。

2.2.3 相关术语

1．云服务器实例（Instance）

云服务器实例是一个虚拟的计算环境，包含 CPU、内存、操作系统、带宽、磁盘等最基础的计算组件。可以将云服务器实例理解为一个独立的虚拟机。

2．地域（Region）与可用区（Zone）

由于大规模的服务器集群异地分布，因此地域代表资源所在的地域，每个地域包含一组可用区。用户可以选择不同地域的云服务器服务。

例如，阿里数据中心分布在国内外的不同地域：华东 1（杭州），华东 2（上海），华北 1（青岛），华北 2（北京），华南 1（深圳），中国香港，亚太（新加坡），美西（硅谷），美东（弗吉尼亚）。

可用区是指同一地域内，电力和网络相互独立的物理区域。同一可用区之间网络互通，不同可用区之间故障隔离。因此，是否将云服务器实例放在同一可用区，主要取决于容灾能力和网络延时的要求。如果需要提高应用的可用性，可将服务器实例创建在不同的可用区内。

3．经典网络和专有网络

这两种类型的网络区别如下：

（1）经典网络。

经典网络中的云服务在网络上不进行隔离，只能依靠自身的安全组来阻挡非法访问。

（2）专有网络。

专有网络帮助用户在阿里云上构建一个隔离的网络环境。用户可以自定义专有网络里面的路由表、IP 地址范围和网关。此外，用户可以通过专线或者 VPN 的方式将自建机房与专有网络内的云资源组合成一个虚拟机房，实现应用平滑上云。

4．安全组（Security Group）

安全组是一种虚拟防火墙，用于设置单台或多台服务器的网络访问控制，它是重要的网络安全隔离手段，用于在云端划分安全域。每个实例至少属于一个安全组。同一安全组内的实例之间网络互通，不同安全组的实例之间默认内网不通，但可以授权两个安全组之间互访。

5．服务器云盘

云盘是为服务器实例提供的数据块级别的数据存储单位，采用多副本的分布式机制，提供一种安全可靠的高弹性存储服务。服务器云盘作为去服务器的扩展块存储部件，为云服务器数据存储提供高可用和高容量支持；有独立于云服务器的生命周期，支持快速扩容、在线备份和回滚；支持数据随机读写，在吞吐量、每秒 I/O 读写次数以及异常恢复时间等方面，均有不错的性能。

6．快照（Snapshot）

快照是为磁盘创建的数据还原点，包含特定时刻磁盘的数据，可以用于还原磁盘数据或创建自定义镜像。

7．镜像（Image）

操作系统和应用软件都可以制作成镜像文件，用户可以选择某个镜像文件来初始化云服务器实例。

镜像是创建实例的必要条件。新创建实例的系统盘内容是镜像内容的完全复制，包括操作系统、软件配置等内容。因此，创建不同操作版本的实例需要选择不同的镜像文件。

2.2.4　阿里云云服务器 ECS

1．ECS 产品概述

云服务器 ECS（Elastic Compute Service）是阿里云产品体系中最基础的计算服务，通常用作应用程序的运行环境，其最重要的特点就是弹性伸缩能力，它支持垂直和水平两种弹性伸缩，如图 2.1 所示。垂直扩展，如 ECS 在 10 分钟内可启动或释放 100 台云服务器，5 分钟内停机升级 CPU 和内存，在线不停机升级带宽；水平扩展，ECS 可以在几分钟内创建数百个新的实例，完成任务后可以释放这些实例。

ECS 包含多个相互关联的产品。

（1）实例。

它是 ECS 最基本的资源，由 CPU、内存、系统盘和运行的操作系统组成，如图 2.2 所示。只有基于实例，才能使用网络、存储、快照等其他资源。

ECS 实例系统盘的大小由操作系统的类型决定，Linux 的系统盘大小为 20GB，Windows 的系统盘大小为40GB。阿里云提供了多个Windows和Linux发行版本,主要包括Alibaba Cloud

Linux、CentOS、Ubuntu、Debian、openSUSE、Windows Server 2003/2008/2012/2016/2019 等。需要注意的是，同一个地域内的 ECS 实例内网间可以互通，但是不同地域的 ECS 实例内网不互通，如图 2.3 所示。

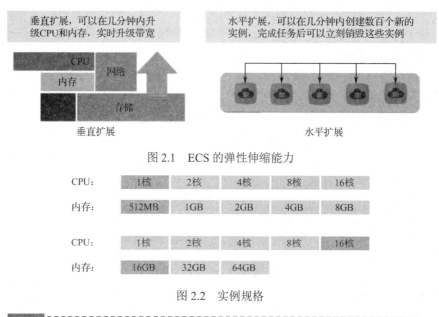

图 2.1　ECS 的弹性伸缩能力

CPU:	1核	2核	4核	8核	16核
内存:	512MB	1GB	2GB	4GB	8GB

CPU:	1核	2核	4核	8核	16核
内存:	16GB	32GB	64GB		

图 2.2　实例规格

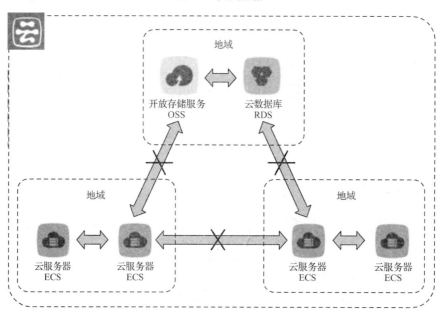

图 2.3　同一地域和不同地域的 ECS 实例的连通示意图

（2）磁盘。

ECS 支持 3 种类型的云盘和本地 SSD 盘存储，云盘包括 ESSD 云盘、SSD 云盘和高效 SSD 云盘。这三种云盘各具特点，在使用场景上也有一定差异。

①ESSD 云盘，又称增强型（Enhanced）SSD 云盘，它基于全新一代自主研发的分布式块存储架构，结合业界领先的硬件技术，为客户提供单盘最高可达 100 万的随机读写能力和低至百微秒级别的单路时延能力，满足企业级客户核心业务上云时，在存储 I/O 性能、读写

时延等方面的极致性能要求。ESSD 云盘具备同样的高可靠性、弹性扩容能力及丰富的企业级功能特性，是企业级客户数据密集型业务上云的最佳产品选择，加速了客户业务数字化转型。

②SSD 云盘：利用分布式三副本机制，能够提供稳定的高随机 I/O 性能、高数据可靠性、高性能存储，最高提供 20000 IOPS 的随机读写能力、256MBps 的吞吐能力，提供最大 32768GB 存储空间，支持挂载到在相同可用区内的任意 ECS 实例上，适合 PostgreSQL、MySQL、Oracle、SQL Server 等中大型关系数据库应用以及对数据可靠性要求高的中大型开发测试环境。

③高效 SSD 云盘：采用固态硬盘与机载硬盘的混合介质作为存储介质，同样采用分布式三副本机制，提高数据可靠性，最高提供 3000 IOPS 随机读写能力、80MBps 的吞吐性能，最大提供 32768GB 存储空间，支持挂载到在相同可用区的任意云服务器 ECS 实例上。它适合 MySQL、SQL Server、PostgreSQL 等中小型关系数据库应用以及对数据可靠性要求高、中度性能要求的中大型开发测试应用。

④本地 SSD 盘：采用实例所在物理服务器上本地 SSD 盘作为存储空间，通常情况下提供微秒级的访问延时，最高提供 12000 IOPS 的随机读写性能，数据可靠性取决于物理服务器的可靠性，存在单点故障风险，最大提供 800GB 存储空间，不支持挂载、卸载。它适合具备冗余能力的分布式 I/O 密集型应用，但对数据和存储的可靠性要求不高的场景。

（3）快照。

快照是 ECS 中非常有用的功能。ECS 快照是磁盘数据在某个时间点的复制，ECS 快照存放在对象存储器上。

快照最常见的用途是备份数据，当应用程序或一些数据被误删时，可以通过快照找回；快照可以创建出自定义镜像，批量复制出与目前系统完全不一样的云服务器实例；另外，通过数据盘快照，可以复制出与目前数据一样的新磁盘。快照的用途如图 2.4 所示。

备份数据　　　　　　　　创建镜像　　　　　　　创建数据相同的磁盘

图 2.4　快照的用途

（4）镜像。

ECS 镜像是 ECS 实例可选择的运行环境模板，包括操作系统、预置的软件和配置。目前，阿里云镜像类型有三种：系统镜像、镜像市场和自定义镜像，如表 2.1 所示。

表 2.1　阿里云镜像类型表

镜像类型	特　点	主要用途
系统镜像	①提供 Windows 和 Linux 多个发行版的镜像； ②镜像里默认安装云盾的客户端，帮助客户应对暴力破解、Webshell 入侵等	用于生成只有操作系统的服务器
镜像市场	①由第三方在阿里云的系统镜像基础上，额外安装了软件或增值服务，便于用户使用； ②常见的类型有开发环境类镜像（PHP/Java 等）、主机面板类等	帮助用户快速生成带有特定软件和服务的服务器，提高应用开发速度
自定义镜像	从一个实例的系统盘快照可以创建自定义镜像	①复制同样的云服务器时； ②是 Web 层服务的基础

（5）专有网络和 ECS 安全组。

专有网络 VPC（Virtual Private Cloud）是基于阿里云创建的自定义私有网络，不同的专有网络之间二层逻辑隔离，创建专有网络时，可以选择 IP 地址范围、配置路由表和网关等，可以在自己创建的专有网络内创建和管理 ECS 实例，每个专有网络都至少由一个私网网段、一个路由器（vRouter）和一个交换机（vSwitch）组成。

图 2.5　安全组

安全组指定了一个或多个防火墙规则，规则包含容许访问的网络协议、端口、源 IP 等。这些规则对于加入了该安全组的所有实例均有效。每个实例至少要加入一个安全组，如图 2.5 所示。

当需要对 ECS 进行分组，限制互相访问的权限控制时，需要使用安全组功能。通过安全组的控制权限，可以实现：

- 设置特定的安全组或者特定的来源是否可以访问自己。
- 设置本安全组内的实例是否可以访问特定的资源。

①安全组方向限制。

安全组不仅能对入方向做防火墙规则，即将自己作为 Destination，也支持出方向的安全组规则，即将自己作为 Source。

②安全组限制。

每个用户最多 100 个安全组，每个安全组最多 1000 个实例，每个实例最多加入 5 个安全组，每个安全组最多 200 条规则，最新安全组数量及限制详见官网。

如果用户选中的地域或者专用网络下没有创建安全组，系统会自动创建一个安全组。

2．ECS 使用场景

云服务器 ECS 应用非常广泛，既可以单独使用作为简单的 Web 服务器，也可以与其他阿里云产品（如 OSS、CDN 等）搭配提供强大的多媒体解决方案。以下是云服务器 ECS 的典型应用场景。

（1）企业官网、简单的 Web 应用。

网站初始阶段的访问量小，只需要一台低配的云服务器 ECS 即可运行应用程序、数据库、存储文件等。随着网站的发展，用户可以随时提高 ECS 的配置和增加数量，无须担心低配服务器在业务突破增长时带来的资源不足问题。

（2）多媒体、大流量的 App 或网站。

云服务器 ECS 与对象存储 OSS 搭配，将 OSS 作为静态图片、视频、下载包的存储设备，以降低存储费用，同时配合 CDN 和负载均衡，可以大幅减少用户访问等待时间，降低带宽费用，提高可用性。

（3）数据库。

使用较高配置的 I/O 优化型云服务器 ECS，同时采用 SSD 云盘，可实现支持高 I/O 并发和更高的数据可靠性；也可以采用多台稍微低配的 I/O 优化型 ECS 服务器，搭配负载均衡，实现高可用架构。

（4）访问量波动大的 App 或网站。

某些应用，如 12306 网站，访问量可能会在短时间内产生巨大的波动，此时通过使用弹性伸缩，实现在业务增长时自动增加 ECS 实例，并在业务下降时自动减少 ECS 实例，保证满足访问量达到峰值时对资源的要求，同时降低了成本。如果搭配负载均衡，则可以实现高可用架构。

华为云 腾讯云

任务 2.1　创建云服务器实例

该任务的实施将基于阿里云、腾讯云和华为云的平台完成，这里以阿里云平台操作描述为主线，华为云和腾讯云平台操作的任务实践，请扫描二维码，浏览电子活页中的操作任务进行学习和实践。

1. 任务描述

在阿里云管理控制台上创建云服务器 ECS 实例，根据"慕课云"的项目实际需求选择 ECS 地域、网络类型、实例系列类型、宽带类型、镜像类型、存储类型、密码、购买量。

2. 任务目标

（1）熟悉阿里云云服务开通过程。

（2）了解云服务器各属性选项的意思。

（3）了解不同规格、配置、付费方式云服务器需要的成本。

（4）能根据业务需求购买合适的 ECS 实例。

3. 任务实施

【准备】

（1）登录阿里云官网（www.aliyun.com）。

（2）注册成为阿里云用户，且账号经过实名认证。

【步骤】

（1）进入创建实例界面。

进入阿里云的管理控制台，定位左侧导航目录中的云服务器 ECS 实例，进入云服务器管理页面，单击"创建实例"按钮，如图 2.6 所示。

图 2.6　云服务器管理页面

（2）选择 ECS 规格。

①地域。

阿里云云服务器集群分布在 9 个地域，用户可以根据自己所在地区的附近区域进行选择。

如果要创建多个服务器或其他服务产品，需注意不同地域之间的产品内网是不通的，如图 2.7 所示。例如，华东 1（杭州）区域的服务器不能通过内网访问华南 1（深圳）区域的服务器或者云数据库 RDS 等产品。

同一地域又划分为多个可用区供用户选择。例如，华东 1（杭州）地域又有 B、D、C、E 四个可用区。每个区都内网互通、故障隔离，方便数据快速迁移。是否将不同的服务器放在同一可用区内，主要取决于对容灾能力和网络延时的要求。

图 2.7　ECS 实例地域和可用区选择

- 如果用户的应用需要较高的容灾能力，建议将云服务器 ECS 实例部署在同一地域的不同可用区内。
- 如果用户的应用在实例之间需要较低的网络延时，则建议将 ECS 实例创建在相同的可用区内。

②实例。

实例是能够为用户的业务提供计算服务的最小单位，它是以一定的规格来为用户提供相应的计算能力的。根据业务场景和使用场景，ECS 实例可以分为多种规格族。同一个规格族里，根据 CPU 和内存的配置，可以分为多种不同的规格。ECS 实例规格定义了实例的 CPU（包括 CPU 型号、主频等）和内存这两个基本属性。但是，ECS 实例只有同时配合块存储、镜像和网络类型，才能唯一确定一台实例的具体服务形态，如图 2.8 所示。

③镜像。

根据镜像类型，选择镜像及版本，如图 2.9 所示。可选的镜像类型包含以下四种：

- 系统镜像：是由阿里云官方提供的公共基础镜像，仅包含初始系统环境。可根据用户的实际情况自助配置应用环境或相关软件配置。
- 自定义镜像：基于用户系统快照生成，包括初始系统环境、应用环境和相关软件配置。选择自定义镜像创建云服务器，可节省重复配置时间。
- 共享镜像：是其他账号的自定义镜像主动共享给用户使用的镜像。阿里云不保证其他账号共享的镜像的完整性和安全性，使用共享镜像需要自行承担风险。
- 镜像市场：提供经严格审核的百款优质第三方镜像，预装操作系统、应用环境和各类软件，无须配置，可一键部署云服务器，可满足建站、应用开发、可视化管理等个性化需求。

图 2.8　选择实例规格族

图 2.9　选择镜像

④存储。

用户可以选择系统盘和数据盘，如图 2.10 所示。系统盘即三类云盘，而数据盘即是在系统盘的基础上增加数据盘。

● 普通云盘面向低 I/O 负载的应用场景，为 ECS 实例提供数百 IOPS 的 I/O 性能。

● 高效 SSD 云盘面向中度 I/O 负载的应用，为 ECS 提供最高 5000 随机 IOPS 的存储性能。

● SSD 云盘为 I/O 密集型应用，提供稳定的高随机 IOPS 性能。

⑤网络。

网络是指 ECS 实例的网络管理及使用模式，与运营商公网接入网络质量无关，任何网络类型的运营商接入均为 BGP 线路，并根据自己的需要选择经典网络或者专有网络类型，如图 2.11 所示。需要说明的是，

● 经典网络和专有网络不能互通，用户购买后不能更换网络类型。

● 并不是所有地域都设有经典网络和专有网络，当前大部分地域都采用专有网络类型。

● 每个专有网络下的 ECS 都可以动态地绑定一个弹性公网 IP。

⑥公网带宽。

阿里云云服务器 ECS 的公网带宽分为两种：按固定带宽和按使用流量。

按固定带宽的方式，需指定公网出方向的带宽大小，如 50Mbps。如果是经典网络类型的

ECS 类型，费用合并在 ECS 实例中一起支付；如果是专有网络类型的 ECS 实例，则先使用后付费，计费周期为天。

图 2.10　选择存储盘

图 2.11　ECS 实例网络类型选择

按使用流量方式，是按公网出方向的实际发生的网络流量进行收费，先使用后付费，按小时计量计费。为了防止突然爆发的流量产生较高的费用，可以制定容许的最大网络带宽进行限制，如图 2.12 所示。

图 2.12　ECS 实例网络类型选择

⑦安全组。

每个实例至少属于一个安全组，在创建的时候就需要指定。同一安全组内的实例之间网络互通，不同安全组的实例之间默认内网不通，可以授权两个安全组之间互访，如图 2.13 所示。

图 2.13　选择安全组

安全组配置错误会导致 ECS 实例在私网或公网与其他设备之间的访问失败，比如：
- 无法从本地远程连接（SSH）Linux 实例或者远程桌面连接 Windows 实例。
- 无法远程 ping ECS 实例的公网 IP 或私有 IP。
- 无法通过 HTTP 或 HTTPS 协议访问 ECS 实例提供的 Web 服务。
- 无法通过内网访问其他 ECS 实例。

⑧密码。

用户必须设置云服务器 ECS 实例的密码和名称。密码可立即设置或者在 ECS 实例创建后设置；而实例名称如不填写，系统自动默认生成，如图 2.14 所示。

图 2.14　设置 ECS 密码和名称

除使用用户名、密码验证连接 Linux 实例外，还可以使用 SSH 密钥对连接 Linux 实例。SSH 密钥对通过加密算法生成一对密钥，默认采用 RSA 2048 位的加密方式。

相较于用户名和密码认证方式，密钥对安全强度远高于常规用户口令，可以杜绝暴力破解威胁。如果将公钥配置在 Linux 实例中，那么，在本地或者另外一台实例中，可以使用私钥通过 SSH 命令或相关工具登录目标实例，而不需要输入密码。这样便于远程登录大量 Linux 实例，方便管理。如果需要批量维护多台 Linux 实例，则推荐使用这种方式登录。

⑨确认订单配置。

服务器 ECS 实例创建的过程，也是购买 ECS 的过程，每个 ECS 实例的配置都有相应的价格，如图 2.15 所示。

图 2.15　购买配置

在购买清单中确认地域、规格、镜像、存储、网络以及购买数量无误后即可进行购买。

华为云 　　　 腾讯云

任务 2.2　连接云服务器

该任务的实施将基于阿里云、腾讯云和华为云的平台完成，这里以阿里云平台操作描述为主线，华为云和腾讯云平台操作的任务实践，请扫描二维码，浏览电子活页中的操作任务进行学习和实践（注：此处文字说明与之前重复，为了保持任务说明的完整性，这里保留说明，以下类同）。

1．任务描述

云服务器创建后，可以使用多种方式登录服务器。如果依据本地的操作系统，则可以从 Windows、Linux、Mac OS X 等操作系统登录 ECS 实例。本任务中本地操作系统为 Windows，登录 Linux 云服务器 ECS 实例。

登录 ECS 实例的方式有以下多种。

（1）远程连接软件。

常用的远程连接软件有 Putty、Xshell 等。

（2）管理终端 NC。

无论在创建实例时是否购买了带宽，都可以通过管理控制台的管理终端登录实例，进行管理。

（3）手机。

可以通过手机上的远程桌面 App（例如 SSH Control Light）连接实例。

这里用第一种方式连接云服务器。

2．任务目标

（1）能够用 SSH 客户端登录和管理云服务器。

（2）能够使用 SFTP 远程连接工具管理云服务器文件。

3．任务实施

【准备】

（1）已完成创建云服务器 ECS 实例和安装 Linux 操作系统。

（2）下载并安装完成 Xshell、Xftp（下载地址为 www.netsarang.com）。

【步骤】

（1）运行 Xshell。

Xshell 的运行界面如图 2.16 所示。

图 2.16　Xshell 的运行界面

（2）设置连接属性。

单击"新建"按钮，在弹出的对话框中输入名称（名称自定义）和主机（进入 ECS 的管理控制台，查看 ECS"外网 IP"后填入），如图 2.17 和图 2.18 所示。

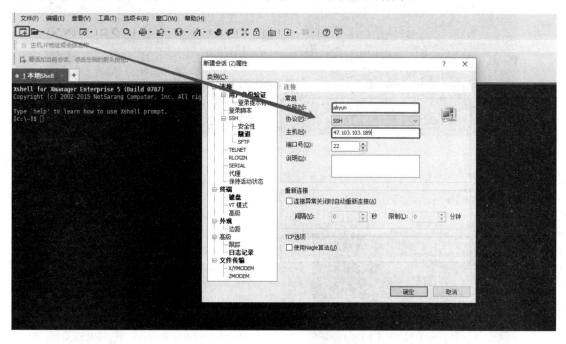

图 2.17　设置连接属性

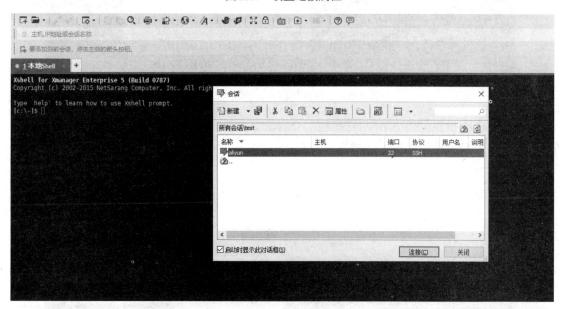

图 2.18　连接界面

（3）连接，输入用户名、密码登录。

在"SSH 用户名"对话框中输入登录的用户名 root，勾选"记住用户名"复选框，如图 2.19 所示，单击"确定"按钮。

图 2.19　"SSH 用户名"对话框

在"SSH 用户身份验证"对话框中输入密码（阿里云云服务器密码），勾选"记住密码"复选框，如图 2.20 所示，单击"确定"按钮。

图 2.20　"SSH 用户身份验证"对话框

（4）设置编码为 Unicode（UTF-8）。

单击"编码"按钮，将编码设置为 Unicode（UTF-8），可预防中文显示为乱码的问题，如图 2.21 所示。

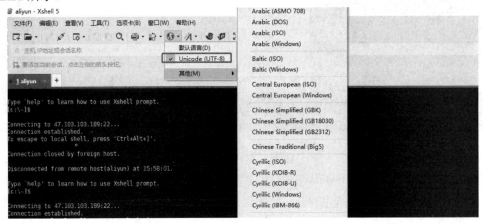

图 2.21　设置编码

（5）打开文件传输 Xftp。

单击"新建传输文件"按钮，打开文件传输 Xftp。在弹出的对话框中可以用拖动的方式进行文件的上传和下载操作，如图 2.22 所示。左边窗格为本地文件，右边窗格为云服务器 ECS 上的文件，可将本地文件上传至云服务器 ECS。

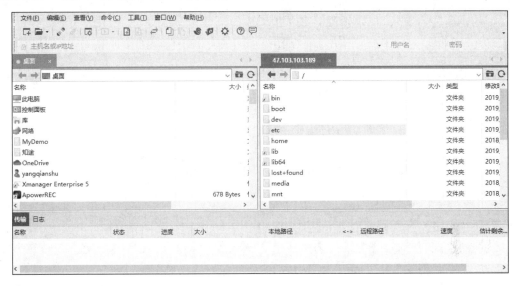

图 2.22　打开文件传输 Xftp

任务 2.3　部署 Web 应用

华为云

腾讯云

该任务的实施将基于阿里云、腾讯云和华为云的平台完成，这里以阿里云平台操作描述为主线，华为云和腾讯云平台操作的任务实践，请扫描二维码，浏览电子活页中的操作任务进行学习和实践。

1．任务描述

通过 Xshell 连接服务器实例，安装"慕课云"Web 一键安装包。导入安装包中的数据库，部署 Web 程序，配置 Nginx 和 Tomcat，最后通过浏览器访问进行部署结果验证。

2．任务目标

能够熟练掌握在 ECS 实例上进行 Web 应用程序的部署。

3．任务实施

【准备】

（1）在课程资源中下载相关的安装包、数据库脚本、MySQL 的 jar 等文件。

（2）使用 Xshell 连接云服务器 ECS 实例。

【步骤】

（1）安装"慕课云"Web 一键安装包。

①使用 Xshell 连接云服务器 ECS，将安装包 cnmcs-web-env-installer.tar.gz 通过 Xftp 上传至 ECS 的 root 目录下，然后进行解压缩。

```
[root@iZ234r6h8j3Z ~]# tar -zxvf cnmcs-web-env-installer.tar.gz
```

②进入解压后的安装包，进行安装。

```
[root@iZ234r6h8j3Z ~]# cd cnmcs-web-env-installer
[root@iZ234r6h8j3Z cnmcs-web-env-installer]# ./install.sh
```

③执行 source 命令，使安装包配置立即生效。

```
[root@iZ234r6h8j3Z cnmcs-web-env-installer]#source /etc/profile
```

④在浏览器中输入 ECS 实例外网 IP，浏览到 Tomcat 主页，表示"慕课云"Web 一键安装包已经成功安装完成，如图 2.23 所示。

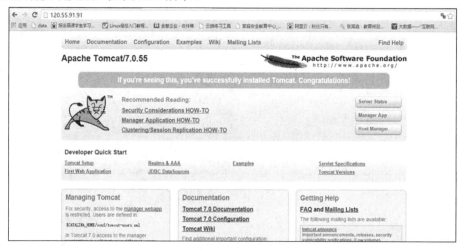

图 2.23　Tomcat 主页

（2）导入项目数据。

①用 mysqladmin 命令设置数据库，root 用户密码为 123456。

```
[root@iZ234r6h8j3Z ~]# mysqladmin -u root password "123456"
Warning: Using a password on the command line interface can be insecure.
```

②使用 mysql 命令连接数据库。

```
   [root@iZ234r6h8j3Z ~]# mysql --host=127.0.0.1 --port=3306 --user=root
-password = 123456
   Warning: Using a password on the command line interface can be insecure.
   Welcome to the MySQL monitor.  Commands end with ; or \g.
   Your MySQL connection id is 22
   Server version: 5.6.21-log MySQL Community Server (GPL)

   Copyright (c) 2000, 2014, Oracle and/or its affiliates. All rights reserved.

   Oracle is a registered trademark of Oracle Corporation and/or its
   affiliates. Other names may be trademarks of their respective
   owners.

   Type 'help;' or '\h' for help. Type '\c' to clear the current input statement.
```

③使用 create database 命令创建数据库 mooccloud。

```
mysql>create database mooccloud;
Query OK, 1 row affected (0.00 sec)
```

④使用 use 命令切换数据库。

```
mysql>use mooccloud;
Database changed
```

⑤将数据库脚本 mooccloud.sql 放到服务器的/root 目录下，执行数据脚本。

```
mysql>\. /root/mooccloud.sql
```

⑥使用 show tables 命令查看数据库表。

```
mysql>show tables ;
+----------------------+
| Tables_in_mooccloud |
+----------------------+
| log_study            |
| log_study_pos        |
| log_user_visit       |
| log_user_visit_pos   |
| mooc_unit            |
| mooc_unit_item       |
| mooc_user_info       |
| mooc_user_study      |
+----------------------+
8 rows in set (0.00 sec)
```

⑦退出数据库。

```
mysql> exit
Bye
```

（3）部署 Web 程序。

将 zhitu-opensource-beta.zip 放到服务器的/usr/local/chinamoocs/ mooc/webapp 目录下后解压缩。

```
[root@iZ234r6h8j3Z ~]# cd /usr/local/chinamoocs/mooc/webapp
[root@iZ234r6h8j3Z webapp]# unzip zhitu-opensource-beta.zip
```

（4）配置 Nginx。

①更改配置。将/usr/local/chinamoocs/tomcat/webapps/ROOT 修改成/usr/local/chinamoocs/mooc/webapp，如图 2.24 所示。

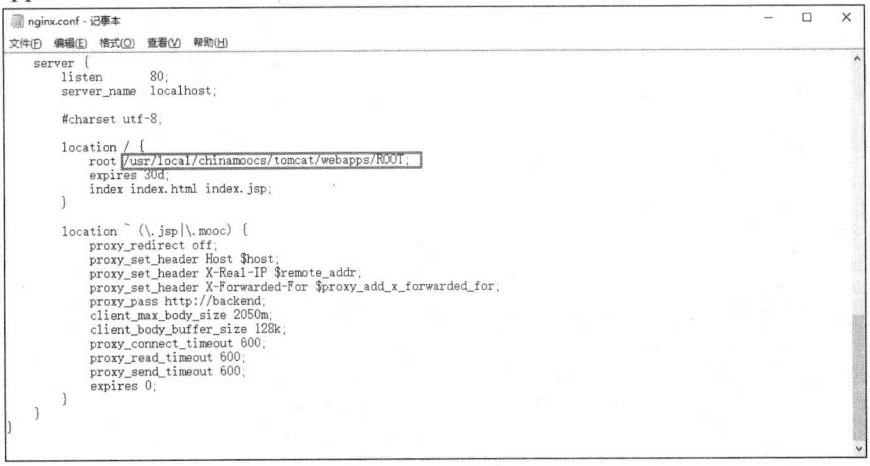


```
    server {
        listen       80;
        server_name  localhost;

        #charset utf-8;

        location / {
            root /usr/local/chinamoocs/tomcat/webapps/ROOT;
            expires 30d;
            index index.html index.jsp;
        }

        location ~ (\.jsp|\.mooc) {
            proxy_redirect off;
            proxy_set_header Host $host;
            proxy_set_header X-Real-IP $remote_addr;
            proxy_set_header X-Forwarded-For $proxy_add_x_forwarded_for;
            proxy_pass http://backend;
            client_max_body_size 2050m;
            client_body_buffer_size 128k;
            proxy_connect_timeout 600;
            proxy_read_timeout 600;
            proxy_send_timeout 600;
            expires 0;
        }
    }
}
```

图 2.24　更改配置

②重启 Nginx。

```
[root@iZ234r6h8j3Z  nginx]#  /usr/local/chinamoocs/nginx/sbin/nginx  -s
reload
```

（5）设置 Tomcat。

①将 MySQL 的 JDBC 驱动文件 jar（mysql-connector-java-5.1.30-bin.jar）复制到/usr/local/
chianmoocs/tomcat/lib 目录下。

②创建 root.xml 内容。

```
<?xml version="1.0" encoding="UTF-8"?>
<Context docBase="/usr/local/chinamoocs/mooc/webapp" reloadable="false"
allowLinking="true">

    <!-- Default set of monitored resources -->
    <WatchedResource>WEB-INF/web.xml</WatchedResource>

    <Resource name="jdbc/coeus"
            auth="Container"
            type="javax.sql.DataSource"
            factory="org.apache.tomcat.jdbc.pool.DataSourceFactory"
            testWhileIdle="true"
            testOnBorrow="true"
            testOnReturn="false"
            validationQuery="SELECT 1"
            validationInterval="30000"
            timeBetweenEvictionRunsMillis="30000"
            maxActive="400"
            minIdle="1"
            maxIdle="400"
            maxWait="10000"
            initialSize="10"
            removeAbandonedTimeout="180"
            removeAbandoned="true"
            logAbandoned="false"
            minEvictableIdleTimeMillis="30000"
            jmxEnabled="true"

jdbcInterceptors="org.apache.tomcat.jdbc.pool.interceptor.ConnectionState;or
g.apache.tomcat.jdbc.pool.interceptor.StatementFinalizer"
            username="root"
            password="123456"
            driverClassName="com.mysql.jdbc.Driver"

url="jdbc:mysql://127.0.0.1:3306/zhituyunke?useUnicode=true&amp;characterEnc
oding=utf-8&amp;zeroDateTimeBehavior=convertToNull" />
    </Context>
```

将 root.xml 放在 tomcat/conf/Catalina/localhost 目录下。

③重启 Tomcat。

```
[root@iZ234r6h8j3Z ~]# cd /usr/local/chinamoocs/tomcat/bin
[root@iZ234r6h8j3Z bin]# ./shutdown.sh
Using CATALINA_BASE:   /usr/local/chinamoocs/tomcat
Using CATALINA_HOME:   /usr/local/chinamoocs/tomcat
Using CATALINA_TMPDIR: /usr/local/chinamoocs/tomcat/temp
Using JRE_HOME:        /usr/local/chinamoocs/java
Using CLASSPATH:       /usr/local/chinamoocs/tomcat/bin/bootstrap.jar:
/usr/local/chinamoocs/tomcat/bin/tomcat-juli.jar
```

```
[root@iZ234r6h8j3Z bin]# ./startup.sh
Using CATALINA_BASE:   /usr/local/chinamoocs/tomcat
Using CATALINA_HOME:   /usr/local/chinamoocs/tomcat
Using CATALINA_TMPDIR: /usr/local/chinamoocs/tomcat/temp
Using JRE_HOME:        /usr/local/chinamoocs/java
Using CLASSPATH:       /usr/local/chinamoocs/tomcat/bin/bootstrap.jar:/
usr/local/chinamoocs/tomcat/bin/tomcat-juli.jar
Tomcat started.
```

（6）验证部署结果。

用浏览器访问页面，确认是否部署成功。在浏览器中输入云服务器 ECS 外网访问地址，看到如图 2.25 所示的页面，说明部署成功。

图 2.25　知途网

输入管理员账号 admin，密码 123456，可进入系统后台，如图 2.26 和图 2.27 所示。

图 2.26　admin 账户

图 2.27　系统后台

华为云

任务 2.4 挂载云盘

该任务的实施将基于阿里云和华为云的平台完成，这里以阿里云平台操作描述为主线，华为云平台操作的任务实践，请扫描二维码，浏览电子活页中的操作任务进行学习和实践。

1．任务描述

对创建的数据盘进行分区格式化，将数据盘挂载到 ECS 实例上。上传视频到"慕课云"平台，查看挂载效果。

2．任务目标

对创建的数据盘进行分区，并挂载到 ECS 中。

3．任务实施

【准备】

使用 Xshell 连接到创建的云服务器 ECS 实例上。

【步骤】

（1）在 ECS 管理控制台进行磁盘挂载操作。

在 ECS 的管理控制台，单击左侧的"云盘"菜单，进入"磁盘列表"页面，选择待挂载的云盘，然后单击右侧"更多"下拉菜单中的"挂载"命令，如图 2.28 所示。

图 2.28 "磁盘列表"页面

在"挂载云盘"页面选择目标实例，然后执行挂载，如图 2.29 所示。

图 2.29 "挂载云盘"页面

挂载完成之后，在磁盘列表中可以看到磁盘状态更新为"使用中"，如图 2.30 所示。

图 2.30　查看磁盘状态

（2）查看当前磁盘挂载情况。

输入命令"fdisk -l"，查询当前系统中的数据盘，可以看到当前未挂载的数据盘信息，如下所示：

```
[root@iZ234r6h8j3Z ~]# fdisk -l

Disk /dev/xvda: 42.9 GB, 42949672960 bytes
255 heads, 63 sectors/track, 5221 cylinders
Units = cylinders of 16065 * 512 = 8225280 bytes
Sector size (logical/physical): 512 bytes / 512 bytes
I/O size (minimum/optimal): 512 bytes / 512 bytes
Disk identifier: 0x00078f9c

    Device Boot      Start         End      Blocks   Id  System
/dev/xvda1   *           1        5222    41940992   83  Linux

Disk /dev/xvdb: 5368 MB, 5368709120 bytes
255 heads, 63 sectors/track, 652 cylinders
Units = cylinders of 16065 * 512 = 8225280 bytes
Sector size (logical/physical): 512 bytes / 512 bytes
I/O size (minimum/optimal): 512 bytes / 512 bytes
Disk identifier: 0x00000000
```

（3）对数据盘进行分区。

执行"fdisk　/dev/xvdb"命令对数据盘进行分区，在弹出的命令行中依次输入的参数是：

● Command（m for help）输入 n；
● Command action 输入 p；
● Partition number（1-4，default 1）输入 1；
● First cylinder 和 Last cylinder 处直接输入回车，使用默认的配置；
● Command（m for help）输入 w，从而使上面的配置生效，如下所示：

```
[root@iZ234r6h8j3Z ~]# fdisk /dev/xvdb
Device contains neither a valid DOS partition table, nor Sun, SGI or OSF
disklabel
Building a new DOS disklabel with disk identifier 0x1ea827d8.
Changes will remain in memory only, until you decide to write them.
After that, of course, the previous content won't be recoverable.

Warning: invalid flag 0x0000 of partition table 4 will be corrected by w
(rite)
```

```
WARNING: DOS-compatible mode is deprecated. It's strongly recommended to
        switch off the mode (command 'c') and change display units to
sectors (command 'u').

Command (m for help): n
Command action
   e   extended
   p   primary partition (1-4)
p
Partition number (1-4): 1
First cylinder (1-652, default 1):
Using default value 1
Last cylinder, +cylinders or +size{K,M,G} (1-652, default 652):
Using default value 652

Command (m for help): w
The partition table has been altered!

Calling ioctl() to re-read partition table.
Syncing disks.
```

再次执行"fdisk -l"命令，如果看到显示分区/dev/xvdb1 的信息，则说明数据盘分区成功，如下所示：

```
[root@iZ234r6h8j3Z ~]# fdisk -l

Disk /dev/xvda: 42.9 GB, 42949672960 bytes
255 heads, 63 sectors/track, 5221 cylinders
Units = cylinders of 16065 * 512 = 8225280 bytes
Sector size (logical/physical): 512 bytes / 512 bytes
I/O size (minimum/optimal): 512 bytes / 512 bytes
Disk identifier: 0x00078f9c

   Device Boot      Start         End      Blocks   Id  System
/dev/xvda1   *          1        5222    41940992   83  Linux

Disk /dev/xvdb: 5368 MB, 5368709120 bytes
255 heads, 63 sectors/track, 652 cylinders
Units = cylinders of 16065 * 512 = 8225280 bytes
Sector size (logical/physical): 512 bytes / 512 bytes
I/O size (minimum/optimal): 512 bytes / 512 bytes
Disk identifier: 0x1ea827d8

   Device Boot      Start         End      Blocks   Id  System
/dev/xvdb1              1         652     5237158+  83  Linux
```

（4）对数据盘进行格式化。

使用命令"mkfs.ext3 /dev/xvdb1"对数据盘进行格式化，如下所示：

```
[root@iZ234r6h8j3Z ~]# mkfs.ext3 /dev/xvdb1
mke2fs 1.41.12 (17-May-2010)
Filesystem label=
OS type: Linux
Block size=4096 (log=2)
Fragment size=4096 (log=2)
Stride=0 blocks, Stripe width=0 blocks
```

```
327680 inodes, 1309289 blocks
65464 blocks (5.00%) reserved for the super user
First data block=0
Maximum filesystem blocks=1342177280
40 block groups
32768 blocks per group, 32768 fragments per group
8192 inodes per group
Superblock backups stored on blocks:
    32768, 98304, 163840, 229376, 294912, 819200, 884736

Writing inode tables: done
Creating journal (32768 blocks): done
Writing superblocks and filesystem accounting information: done

This filesystem will be automatically checked every 23 mounts or
180 days, whichever comes first. Use tune2fs -c or -i to override.
```

（5）创建挂载点。

使用"mkdir"命令创建一个挂载点，然后使用命令"mount"将磁盘挂载上去，最后使用命令"ln"映射目录，如下所示：

```
[root@iZ234r6h8j3Z ~]# mkdir /home/work
[root@iZ234r6h8j3Z ~]# mount /dev/xvdb1 /home/work
[root@iZ234r6h8j3Z ~]# mkdir /home/work/repositry
[root@iZ234r6h8j3Z      ~]#      ln      -s      /home/work/repositry
/usr/local/chinamoocs/mooc/webapp/repositry
```

使用命令"df-TH"可以查看磁盘的使用情况，可以看到磁盘已经挂载完成，如下所示：

```
[root@iZ234r6h8j3Z ~]# df -TH
Filesystem    Type    Size  Used  Avail  Use% Mounted on
/dev/xvda1    ext4    43G   3.8G  37G    10%  /
tmpfstmpfs    984M    0     984M  0%     /dev/shm
/dev/xvdb1    ext3    5.3G  145M  4.9G   3%   /home/work
```

（6）验证磁盘挂载效果。

通过浏览器访问"慕课云"，使用账号 admin，密码 123456，登录系统后进入后台，如图 2.31 所示。

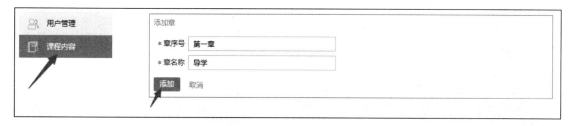

图 2.31　登录系统查看内容

单击"视频"按钮，进入"添加视频课件"页面，如图 2.32 所示。

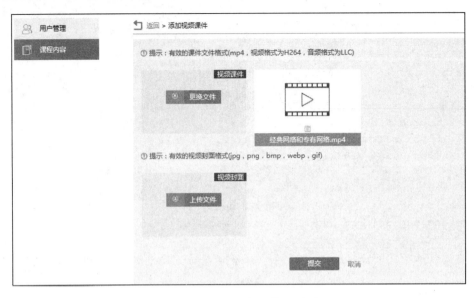

图 2.32 "添加视频课件"页面

上传视频后，在/usr/local/chinamoocs/mooc/webapp/repository 目录下可以查看上传的视频文件。

任务 2.5 磁盘扩容

华为云

该任务的实施将基于阿里云和华为云的平台完成，这里以阿里云平台操作描述为主线，华为云平台操作的任务实践，请扫描二维码，浏览电子活页中的操作任务进行学习和实践。

1. 任务描述

当云盘容量不足时，就需要对磁盘进行扩容。可通过阿里云管理控制台，填写磁盘扩容大小后一键扩容。如果之前磁盘挂载到 ECS 上，则先卸载磁盘，再扩容。

2. 任务目标

对 ECS 实例上的数据盘进行扩容。

3. 任务实施

【准备】

使用 Xshell 连接到本实验创建的云服务器 ECS 实例上。

【步骤】

（1）查看当前磁盘大小。

使用"df -TH"命令查看当前数据盘的大小。

```
[root@iZ234r6h8j3Z ~]# df -TH
Filesystem      Type    Size  Used Avail Use% Mounted on
/dev/xvda1      ext4     43G  3.8G   37G  10% /
tmpfs           tmpfs   984M     0  984M   0% /dev/shm
/dev/xvdb1      ext3    5.3G  145M  4.9G   3% /home/work
```

（2）通过管理控制台进行扩容操作。

在"磁盘列表"页面，选择需要扩容的磁盘，单击"更多"→"磁盘扩容"命令，如图 2.33 所示。

图 2.33　"磁盘列表"页面

进入"磁盘扩容"页面后，填写扩容后的磁盘容量大小，然后单击"确定扩容"按钮，如图 2.34 所示。

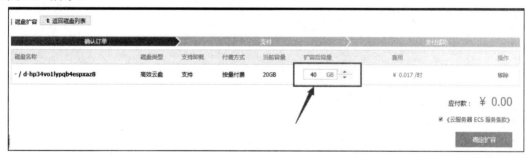

图 2.34　"磁盘扩容"页面

完成扩容操作之后，回到"磁盘列表"页面，可以看到数据盘已经由原来的 5GB 变成 40GB，如图 2.35 所示。但是到目前为止，该配置还未正式生效。

图 2.35　扩容后的数据盘

通过管理控制台重启本磁盘挂载的 ECS 实例，如图 2.36 所示。

图 2.36 "实例列表"页面

（3）命令行操作。

如果磁盘之前挂载在服务器上，先卸载磁盘。

```
[root@iZ234r6h8j3Z ~]# umount /home/work
umount: /home/work: not mounted
```

使用"fdisk-l"命令查看分区信息并记录即将扩容磁盘的最终容量、起始扇区位置。

```
[root@iZ234r6h8j3Z ~]# fdisk -l

Disk /dev/xvda: 42.9 GB, 42949672960 bytes
255 heads, 63 sectors/track, 5221 cylinders
Units = cylinders of 16065 * 512 = 8225280 bytes
Sector size (logical/physical): 512 bytes / 512 bytes
I/O size (minimum/optimal): 512 bytes / 512 bytes
Disk identifier: 0x00078f9c

   Device Boot      Start         End      Blocks   Id  System
/dev/xvda1   *          1        5222    41940992   83  Linux

Disk /dev/xvdb: 10.7 GB, 10737418240 bytes
255 heads, 63 sectors/track, 1305 cylinders
Units = cylinders of 16065 * 512 = 8225280 bytes
Sector size (logical/physical): 512 bytes / 512 bytes
I/O size (minimum/optimal): 512 bytes / 512 bytes
Disk identifier: 0x1ea827d8

   Device Boot      Start         End      Blocks   Id  System
/dev/xvdb1              1         652     5237158+  83  Linux
```

使用"fdisk"命令，输入 d 来删除原有的分区，依次输入 n、p、l 来新建分区，选择分区时，在此示例中直接回车选择默认值，用户也可以按照自己的需求来选择。为了保证数据的一致性，建议第一分区和之前的分区保持一致。

```
[root@iZ234r6h8j3Z ~]# fdisk /dev/xvdb

WARNING: DOS-compatible mode is deprecated. It's strongly recommended to
      switch off the mode (command 'c') and change display units to
      sectors (command 'u').

Command (m for help): d
```

```
Selected partition 1

Command (m for help): n
Command action
  e   extended
  p   primary partition (1-4)
p
Partition number (1-4): 1
First cylinder (1-1305, default 1):
Using default value 1
Last cylinder, +cylinders or +size{K,M,G} (1-1305, default 1305):
Using default value 1305

Command (m for help): wq
The partition table has been altered!

Calling ioctl() to re-read partition table.
Syncing disks.
```

使用"e2fsck"和"resize2fs"命令格式化磁盘，在正确操作的情况下，不会造成原有数据丢失。

```
[root@iZ234r6h8j3Z ~]# e2fsck -f /dev/xvdb1
e2fsck 1.41.12 (17-May-2010)
Pass 1: Checking inodes, blocks, and sizes
Pass 2: Checking directory structure
Pass 3: Checking directory connectivity
Pass 4: Checking reference counts
Pass 5: Checking group summary information
/dev/xvdb1: 13/327680 files (0.0% non-contiguous), 55940/1309289 blocks
[root@iZ234r6h8j3Z ~]# resize2fs /dev/xvdb1
resize2fs 1.41.12 (17-May-2010)
Resizing the filesystem on /dev/xvdb1 to 2620595 (4k) blocks.
The filesystem on /dev/xvdb1 is now 2620595 blocks long.
```

将扩容完毕的磁盘挂载回原有的挂载点。

```
[root@iZ234r6h8j3Z ~]# mount /dev/xvdb1 /home/work
```

（4）查看扩容结果。

```
[root@iZ234r6h8j3Z ~]# df -TH
Filesystem     Type   Size  Used Avail Use% Mounted on
/dev/xvda1     ext4    43G  3.8G   37G  10% /
tmpfs          tmpfs  984M     0  984M   0% /dev/shm
/dev/xvdb1     ext3    11G  147M  9.9G   2% /home/work
```

任务 2.6　快照及镜像

华为云

任务的实施将基于阿里云和华为云的平台完成，本文以阿里云平台操作描述为主线，华为云平台操作的任务实践，请扫描二维码，浏览电子活页中的操作任务进行学习和实践。

1. 任务描述

创建系统盘快照，使用创建好的快照对系统盘数据进行回滚，最后使用快照创建一个 ECS

的自定义镜像。

2．任务目标

（1）了解快照创建过程并能利用快照进行数据回滚。

（2）熟悉使用快照创建自定义镜像及共享镜像的过程。

3．任务实施

【准备】

使用阿里云账号登录到云服务器 ECS 管理控制台。

【步骤】

（1）进入 ECS 实例管理页面。

使用阿里云管理控制台的账号和密码登录后，进入 ECS "实例详情"页面，如图 2.37 所示。单击 "本实例磁盘"菜单。

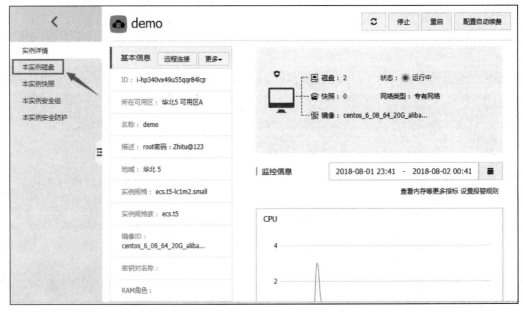

图 2.37 "实例详情"页面

（2）创建系统盘快照。

在 "磁盘列表"页面，找到磁盘属性是 "系统盘"的磁盘，单击其右侧的 "创建快照"命令，如图 2.38 所示。

图 2.38 "磁盘列表"页面

在弹出的页面中自定义一个快照的名称，单击"确定"按钮，如图 2.39 所示。

图 2.39　"创建快照"页面

单击左侧的"本实例快照"菜单进入 ECS 实例的"快照列表"页面，查看快照的创建进度，等待 3～5 分钟直到快照的状态显示为"完成"，如图 2.40 所示。

图 2.40　快照的创建进度

（3）使用快照对系统盘数据进行回滚。

使用 Xftp 连接 ECS 实例，将/usr/local/chinamoocs/mooc/webapp 目录下"慕课云"的代码删除，以便验证之后的回滚操作，如图 2.41 所示。

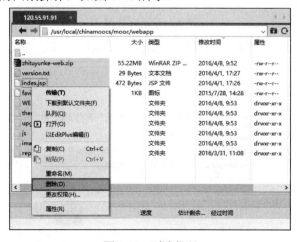

图 2.41　删除代码

/usr/local/chinamoocs/mooc/webapp 目录下文件已被清空，如图 2.42 所示。

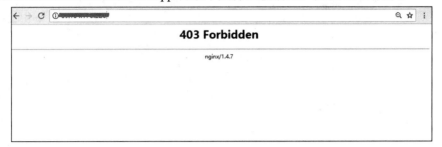

图 2.42　清空文件

下面通过快照回滚的方式，将数据恢复出来。首先在 ECS 控制台的"实例详情"页面中单击实例右侧"更多"下拉列表中的"停止"操作，停止 ECS 实例，如图 2.43 所示。

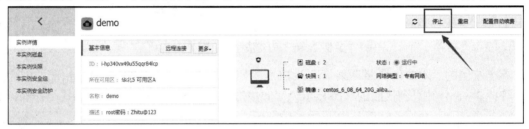

图 2.43　停止 ECS 实例

在确定 ECS 实例停止后，选择步骤（2）中创建的快照，单击右侧的"回滚磁盘"命令，如图 2.44 所示。

图 2.44　选择快照

在弹出的"回滚磁盘"页面中，选中"回滚后立即启动实例"复选框，然后单击"确定"按钮，如图 2.45 所示。

图 2.45　"回滚磁盘"页面

在回滚完成后，ECS 实例自动启动，如图 2.46 所示。

图 2.46　ECS 实例自动启动

ECS 实例启动完成后，再次使用 Xftp 连接 ECS 实例，可以看到之前被删除的"慕课云"项目代码已经恢复，如图 2.47 所示。

图 2.47　代码恢复

（4）使用快照创建自定义镜像。

在 ECS 实例的"快照列表"页面，单击快照右侧的"创建自定义镜像"命令，如图 2.48 所示。

图 2.48　"快照列表"页面

在"创建自定义镜像"页面，输入自定义镜像名称、自定义镜像描述，单击"创建"按钮，完成自定义镜像操作，如图 2.49 所示。

在 ECS 实例"镜像列表"页面，可以查看创建完成的镜像，如图 2.50 所示。

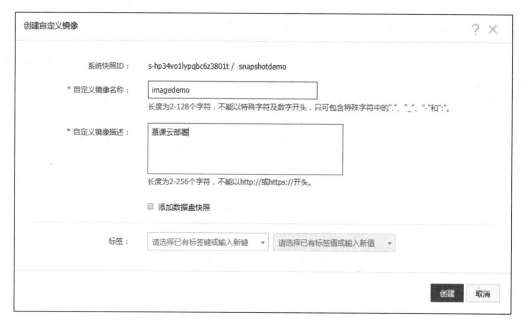

图 2.49 "创建自定义镜像"页面

图 2.50 "镜像列表"页面

（5）共享自定义镜像。

在"镜像列表"页面，单击镜像右侧的"共享镜像"按钮，如图 2.51 所示。

图 2.51 共享镜像

在"共享镜像"页面，输入将要共享的阿里云账号，单击"共享镜像"按钮，即可完成镜像共享操作，如图 2.52 所示。

图 2.52　完成镜像共享操作

阿里云账号 ID 可以在阿里云的账号管理中查看，如图 2.53 所示。

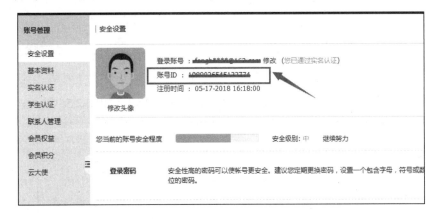

图 2.53　用户 ID 查询

任务 2.7　释放 ECS

华为云

任务的实施将基于阿里云和华为云的平台完成，本文以阿里云平台操作描述为主线，华为云平台操作的任务实践，请扫描二维码，浏览电子活页中的操作任务进行学习和实践。

1. 任务描述

对于按量付费的云服务器，每次连续完成任务后，需要释放云服务器 ECS，以停止管理控制平台继续计算 ECS 的使用费用。

释放 ECS 的方式有两种：一种是立即释放；另一种是定时释放。定时释放是事先安排释放计划，选择一个未来的时间点释放资源，这个时间点可以精确到小时。释放计划可以重复安排，后一次计划将覆盖前一次安排。

下面将按步骤实施 ECS 的第一种释放方式：立即释放。

2．任务目标

掌握云服务 ECS 的释放过程。

3．任务实施

【准备】

使用阿里云账号登录到云服务器 ECS 管理控制台。

【步骤】

（1）进入 ECS "实例列表" 页面。

在 ECS "实例列表" 页面中，单击需要释放的 ECS 实例右侧的 "管理" 命令。

（2）进行释放设置。

在 "实例详情" 页面，单击右上角 "释放设置" 按钮，如图 2.54 所示。

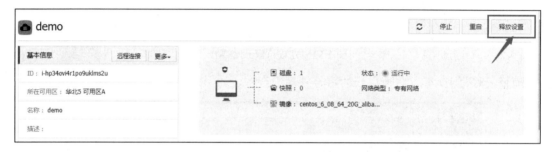

图 2.54 "实例详情" 页面

在弹出的 "释放设置" 页面，选择 "立即释放" 单选按钮，如图 2.55 所示。

图 2.55 "释放设置" 页面

在弹出的 "释放设置" 确认页面，单击 "确定" 按钮，如图 2.56 所示。

图 2.56 "释放设置" 确认页面

（3）通过手机验证。

在"手机验证"页面，单击"单击获取"按钮，输入手机收到的短信验证码，然后单击"确定"按钮，完成释放操作。

习题

（1）在同一地域内可用区与可用区之间内网互通，可用区之间能做到故障隔离。是否将云服务器 ECS 实例放在同一可用区内，主要取决于什么因素？

（2）对云服务器 ECS 云盘上的数据而言，所有用户层面的操作都会同步到底层三份副本上，无论是新增、修改还是删除数据。这种模式能够保障用户数据的绝对安全吗？

（3）快照作为一种便捷高效的数据保护服务手段，一般被使用在哪些业务场景中？

（4）阿里云云服务器 ECS 提供了哪些类型的镜像？

3.1 场景导入

将数据库和 Web 应用部署在同一台云服务器上，一般小规模的网站采用这种方式，用户量、数据量、并发访问量都比较小，否则单台服务器无法承受，并且在遇到性能瓶颈时升级硬件所需要的费用非常高昂，在访问量增加时，应用程序和数据库都来抢占有限的系统资源，很快就又会遇到性能问题。考虑到性能提升以及系统运行稳定性，可以购买云数据库服务，将数据库从云服务器上分离，进行独立部署。这样 Web 应用服务器和数据库服务器各司其职，在系统访问量增加的时候可以分别升级应用服务器和数据库服务器。云数据库的扩容升级会比云服务器部署的 MySQL 要简单，其升级扩容都是平滑的，对正常运行的系统基本没有太大影响，只有极短时间的切换，同时云数据库提供更清晰的性能监控，还可以自动容灾备份。

3.2 知识点讲解

3.2.1 云数据库概述

云数据库是指被优化或部署到一个虚拟计算环境中的数据库。它可以使用户按照存储容量和带宽的需求付费，可以将数据库从一个地方移到另一个地方，实现按需扩展，因而具有高可用性和安全性。与传统的自建数据库相比，云数据库具有以下优势。

1. 轻松部署

用户能够在控制台轻松地完成数据库的申请和创建，数据库实例在几分钟内就可以准备就绪并投入使用。用户可通过云数据库提供的功能完善的控制台，对所有实例进行统一管理。所以，使用云数据库的用户不必控制运行原始数据库的机器，不必了解它身在何处，而只需一个有效的链接字符串就可以轻松使用云数据库。

2. 高可靠

云数据库不存在单点失效问题，它具有故障自动单点切换功能，如果一个节点发生错误，其他的节点就会接管未完成的事务。

在云数据库中，数据通常是被复制的，在地理上也是分布的，可以提供高水平的容错能力。例如，Amazon SimpleDB 会在不同的区间内进行数据复制，因此，即使整个区域内的云设施发生失效，也能保证数据可用和安全。

3. 低成本

用户采用按需付费的方式使用云计算环境中的各种软、硬件资源，不会产生不必要的资源浪费。另外，云数据库底层存储通常采用大量廉价的商业服务器，这也大幅降低了用户开销。所以说云数据库支付的费用远低于自建数据库所需的成本，用户可以根据自己的需求选择不同套餐，使用较低的价格得到一整套专业的数据库支持服务。

3.2.2　阿里云云数据库 RDS

阿里云云数据库 RDS（Relational Database Service）是专为使用 SQL 数据库的事务处理应用而设计的云数据库服务。RDS 提供 Web 配置界面、操作数据库实例，并提供可靠的数据备份和恢复、完备的安全管理、完善的监控、轻松扩展等功能支持。相对于用户自建数据库，RDS 将耗时费力的数据库管理任务承担下来，使用户能够专注于应用开发和业务发展。

阿里云云数据库 RDS 主要提供一种稳定可靠、可弹性伸缩的在线数据库服务，即开即用。RDS 支持 MySQL、SQL Server、PostgreSQL 和 MariaDB，并提供容灾、备份、监控及迁移等方面的全套解决方案。

阿里云 RDS 有以下特点：

（1）采用主、从备份架构，拥有 3 份以上的数据存储，具备高可用性和数据可靠性。备份文件可轻松实现数据回溯，将数据库恢复至 7 日内任意时刻状态。

（2）高可用控制系统实现所有节点每 3 秒轮询一次，实现数据库实例主、备之间的健康检查和实时切换，支持 20000 个用户实例监控，5 秒内完成切换。

（3）提供直观的 SQL 分析报告和 SQL 运行报告，并提供如主键检查、索引检查等多种数据库优化建议。

（4）显示 20 种性能资源监控视图，可对部分资源项设置阈值报警，并提供 Web 操作、SQL 审计等多种日志。

1. 阿里云 RDS 实例

（1）RDS 实例。

实例是阿里云关系型数据库的运行环境。用户可以创建多个实例。每个实例之间相互独立、资源隔离，不存在抢占 CPU、内存、IOPS 等问题。

一个实例下可创建多个数据库。MySQL 实例最多可创建 500 个数据库，而 SQL Server 实例最多可创建 50 个数据库。同一实例中不同数据库之间是资源共享的，如 CPU、内存、磁盘容量等。RDS 实例目前支持最大内存 48GB、最大磁盘容量为 1000GB。

每个 RDS 数据库账号可用于多个数据库，同时一个账号可创建多个实例。对于 MySQL 和 SQL Server 实例，最多可创建 500 个数据库账号。

（2）RDS 只读实例。

为分担数据库主实例读取的压力，阿里云 RDS MySQL 版支持直接挂载只读实例。每个只读实例有独立的连接字符串，由应用端自动分配读取，一个主实例最多可以创建 5 个只读实例，如图 3.1 所示。

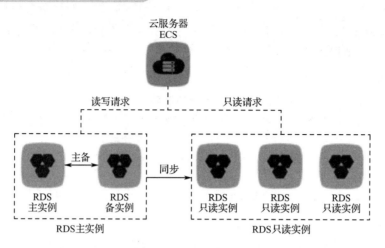

图 3.1　RDS 只读实例

（3）RDS 灾备实例。

对于数据可靠性有强需求的业务场景或是有监管需求的金融业务场景，RDS 提供异地灾备实例，可以帮助用户进一步提升数据可靠性。

RDS 通过数据传输服务（DTS）实现主实例和异地灾备实例之间的实时同步。主实例和灾备实例均搭建主、备高可用架构，当主实例所在区域发生突发性自然灾害等状况，主节点（Master）和备节点（Slave）均无法连接时，可将异地灾备实例切换为主实例，在应用端修改数据库连接地址后，即可快速恢复应用的业务访问，如图 3.2 所示。

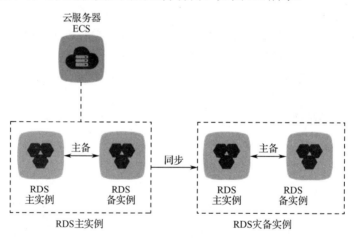

图 3.2　RDS 灾备实例

2．RDS 可用区

为了有效控制阿里云云服务器 ECS 和云数据库 RDS 的网络延迟，以及提供 RDS 的同城容灾解决方案，阿里云推出了 RDS 可用区概念，并分为单可用区和多可用区，如图 3.3 所示。

单可用区：是指在同一地域下（如杭州地域），电力、网络隔离的物理区域，可用区之间的内网互通，使得网络延迟更小。RDS 单可用区是指 RDS 实例的主、备节点处于相同的可用区。如果 ECS 和 RDS 部署在相同的可用区，ECS 和 RDS 间的网络延迟更小。

多可用区：是指 RDS 实例的主备节点位于不同的可用区，当主节点所在的可用区出现故障（如机房断电等），RDS 进行主、备切换后，备节点所在的可用区继续提供服务。多可用区的 RDS 轻松实现了同城容灾。但当 RDS 发生在不同可用区的主、备切换时，会使得网络延迟加大，对业务影响需要先行进行评估。

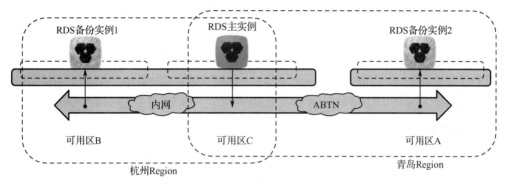

注：阿里巴巴 ABTN 是全国第一家运营商级别的电子商务骨干网。

图 3.3 RDS 可用区

3．RDS 使用场景

（1）异地容灾场景。

通过数据传输服务，用户可以将自建机房的数据库实时同步到公有云上任一地域的 RDS 实例里面。即使发生机房损毁的灾难，数据也永远在阿里云有一个备份。

（2）读写分离场景。

应用读取请求较高，或是需要应对短期内读取流量高峰时，可在 RDS for MySQL 实例下挂载只读实例，每个只读实例拥有独立的链接地址，由应用端自行实现读取压力分配。

（3）缓存持久化场景。

与 RDS 相比，云数据库缓存产品有两个特征：

①响应速度快，云数据库 Memcache 版和云数据库 Redis 版请求的时延通常在几毫秒以内。

②缓存区能够支持比 RDS 更高的 QPS（每秒处理请求数）。

RDS 可以和云数据库 Memcache 版及云数据库 Redis 版搭配使用，组成高吞吐、低延迟的存储解决方案。

（4）开放搜索服务。

开放搜索服务（OpenSearch）是一款结构化数据搜索托管服务，为移动应用开发者和网站管理员提供简单、高效、稳定、低成本和可扩展的搜索解决方案。通过 OpenSearch，可将 RDS 中的数据自动同步至 OpenSearch 实现各类复杂搜索。

任务 3.1　创建云数据库实例

华为云　　　　　腾讯云

任务的实施将基于阿里云、腾讯云和华为云的平台完成，本文以阿里云平台操作描述为主线，华为云和腾讯云平台操作的任务实践，请扫描二维码，浏览电子活页中的操作任务进行学习和实践。

1．任务描述

在阿里云管理控制台上创建云数据库 RDS 实例，根据"慕课云"的项目实际需求购买合适的 RDS 实例，选定合适的规格、配置及付费方式。

2．任务目标

（1）熟悉阿里云云数据库开通过程。

（2）了解云服务器各属性选项的意义。

（3）了解不同规格、配置、付费方式的云数据库的成本。

（4）能根据业务需求购买合适的 RDS 实例。

3．任务实施

【准备】

（1）访问阿里云官网网络环境。

（2）已注册阿里云用户，且账号经过实名认证。

【步骤】

（1）进入 RDS 产品管理控制台页面。

RDS 管理控制台页面如图 3.4 所示。

图 3.4　RDS 管理控制台页面

（2）进入 RDS 实例列表。

在"实例列表"页面，单击"创建实例"按钮，进入购买页面，如图 3.5 所示。

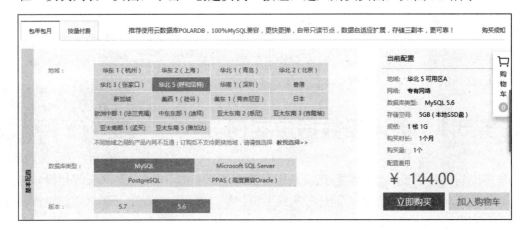

图 3.5　购买页面

（3）选择 RDS 规格，购买 RDS 服务。

在云数据库 RDS 购买页面，选择地域、可用区、数据库类型和版本、网络类型、实例规格、存储空间以及购买量，然后进行购买操作。

具体操作如下：

①选择区域。

需要注意的是，不同地域 RDS 之间内网不互通，不同地域之间 ECS 和 RDS 内网不互通，所以 RDS 需要选择和 ECS 相同的地域。

②选择可用区。

RDS 常规实例采用双机热备架构，单可用区中主、备节点位于同一可用区，多可用区中主、备节点位于不同可用区。如果是 RDS 只读实例则采用单机架构，多可用区则只读实例被随机分配。

③选择数据库类型和版本。

RDS 支持 MySQL、SQL Server、PostgreSQL 和 PPAS（Postgre Plus Advanced Server，一种高度兼容 Oracle 的数据库）引擎。本书中示例是以 MySQL 数据库为例的。

注意：不同地域支持的数据库类型不同，具体可选的数据库类型以实际页面为准。

④选择网络类型。

阿里云云数据库 RDS 同样支持经典网络和专有网络两种网络类型。

⑤选择实例规格。

实例规格分为以下三种类型。

- 通用型：RDS 标准规格，具有较高性价比。
- 独享套餐：CPU、内存、磁盘资源完全独享，提供稳定计算和 IO 能力。
- 独占物理机：独享一台物理机，属独享套餐的顶配。

不同的内存大小对应不同的最大连接数和 IOPS，具体最大连接数和 IOPS 以实际页面为准。

⑥选择存储空间。

可以设置 5～2000GB 的存储空间，步长为 5GB。此处设置的存储空间为数据空间、系统文件空间、binlog 文件空间和事务文件空间。

⑦选择购买量。

选择购买云数据库 RDS 实例的时长、实例的台数。

最后，在购买清单中确认地域、可用区、数据库类型、版本、网络类型、实例规格以及购买量无误后即可进行购买。

任务 3.2 云数据库迁移

华为云　　腾讯云

任务的实施将基于阿里云、腾讯云和华为云的平台完成，本文以阿里云平台操作描述为主线，华为云和腾讯云平台操作的任务实践，请扫描二维码，浏览电子活页中的操作任务进行学习和实践。

1. 任务描述

在 RDS 实例上创建数据库账号，创建迁移任务，将 ECS 实例上的 MySQL 数据库 mooccloud 迁移到 RDS 上，最后更改"慕课云"系统 Tomcat 数据库配置，重启 Web 服务，完成 ECS 自建数据库迁移到目标数据库 RDS 并进行验证。

2. 任务目标

（1）掌握使用 RDS 创建数据库，创建 RDS 账号并给账号授权。

（2）熟悉使用数据管理服务（DMS）对数据库中的数据进行管理。

（3）熟悉使用数据传输服务（DTS）完成 ECS 自建数据库迁移到 RDS 数据库。

3. 任务实施

【准备】

（1）创建云数据库 RDS 实例。

（2）使用 Xshell 连接到已经创建的云服务器 ECS 实例上。

【步骤】

（1）进入"实例列表"页面。

进入"实例列表"页面，如图 3.6 所示。

图 3.6　"实例列表"页面

（2）创建 RDS 实例数据库账号。

在"实例管理"页面，单击左侧"账号管理"菜单，进入账号管理页面，然后单击"创建账号"按钮，如图 3.7 所示。

图 3.7　创建账号

进入账号创建页面，设置数据库账号 user001 和密码，如图 3.8 所示。

（3）创建 ECS 实例上的 MySQL 数据库账号。

使用"mysql --host=127.0.0.1 --port=3306 --user=root –password= 123456"命令连接 ECS

本地数据库，然后创建 user002 数据库账号，并进行访问授权，如下所示：

```
mysql> CREATE USER user002@'%' IDENTIFIED BY '123456';
Query OK, 0 rows affected (0.00 sec)

mysql> GRANT ALL ON *.* TO 'user002'@'%';
Query OK, 0 rows affected (0.00 sec)
```

图 3.8　账号创建页面

（4）设置 RDS 实例的访问白名单。

在 RDS 实例详情页面，单击"数据安全性"菜单进入数据安全性设置页面，单击"添加白名单分组"按钮，如图 3.9 所示。

图 3.9　添加白名单分组

进入"添加白名单分组"设置页面，设置分组名称以及组内白名单，组内白名单中填入 ECS 实例的内网 IP 地址，如图 3.10 所示。

（5）创建 RDS 实例的迁移任务。

在阿里云管理控制台，进入数据参数服务 DTS，在"数据迁移列表"页面选择迁移的地域，然后单击"创建迁移任务"按钮，开始数据库迁移操作，如图 3.11 所示。

单击"创建在线迁移任务"按钮，如图 3.12 所示。

图 3.10　设置分组名称和组内白名单

图 3.11　开始数据库迁移操作

图 3.12　"迁移任务列表"页面

进入"创建迁移任务"页面，填写任务名称、源库信息［本案例 ECS 中的 MySQL 实例、账号、密码参见步骤（3）中创建的信息］、目标库信息［本案例中的 RDS 实例、账号参见步骤（2）中创建的信息］，然后单击"授权白名单并进入下一步"按钮，如图 3.13 所示。

图 3.13 "创建迁移任务"页面

在"迁移对象"页面中，选择"mooccloud"库进行迁移，单击"预检查并启动"按钮，如图 3.14 所示。

图 3.14 选择迁移对象

在预检查完成后，单击"下一步"按钮，如图 3.15 所示。

图 3.15 "预检查"页面

在"购买配置确认"页面，单击"立即购买并启动"按钮，如图 3.16 所示。

图 3.16 "购买配置确认"页面

进入"数据迁移"页面，可以查看当前迁移任务状态，如图 3.17 所示。

图 3.17 查看当前迁移任务状态

（6）通过 DMS 查看数据迁移结果。

在 RDS 实例详情页面，单击"登录数据库"按钮，如图 3.18 所示。

图 3.18　RDS 实例详情页面

进入 DMS 登录界面，使用步骤（2）中创建的 RDS 账号进行登录，如图 3.19 所示。

图 3.19　DMS 登录页面

登录后进入 DMS 管理页面，如图 3.20 所示。

图 3.20　DMS 管理页面

（7）更改"慕课云"的 Tomcat 配置，重启 Web 服务。

更改/usr/local/chinamoocs/tomcat/conf/Catalina/localhost 下 root.xml 数据连接相关配置。

```xml
<?xml version="1.0" encoding="UTF-8"?>
<Context docBase="/usr/local/chinamoocs/mooc/webapp" reloadable="false"
allowLinking="true">

    <!-- Default set of monitored resources -->
    <WatchedResource>WEB-INF/web.xml</WatchedResource>

    <Resource name="jdbc/coeus"
            auth="Container"
            type="javax.sql.DataSource"
            factory="org.apache.tomcat.jdbc.pool.DataSourceFactory"
            testWhileIdle="true"
            testOnBorrow="true"
            testOnReturn="false"
            validationQuery="SELECT 1"
            validationInterval="30000"
            timeBetweenEvictionRunsMillis="30000"
            maxActive="400"
            minIdle="1"
            maxIdle="400"
            maxWait="10000"
            initialSize="10"
            removeAbandonedTimeout="180"
            removeAbandoned="true"
            logAbandoned="false"
            minEvictableIdleTimeMillis="30000"
            jmxEnabled="true"
            jdbcInterceptors="org.apache.tomcat.jdbc.pool.interceptor.
ConnectionState;org.apache.tomcat.jdbc.pool.interceptor.StatementFinalizer"
            username="user001"
            password="123456"
            driverClassName="com.mysql.jdbc.Driver"
            url="jdbc:mysql:// rds89i83u2hc4jza5fv6.mysql.rds.aliyuncs.
com:3306/zhituyunke?useUnicode=true&amp;characterEncoding=utf-8&amp;zeroDate
TimeBehavior=convertToNull" />
    </Context>
```

username 和 password 对应的是步骤（2）中创建的 RDS 实例数据库账号和密码。

在 RDS 实例基本信息页面，可以查看实例的内网地址及内网端口，如图 3.21 所示。

图 3.21　实例的内网地址及内网端口

更改完 root.xml 后重启 Tomcat。

```
[root@iZ234r6h8j3Z nginx]# cd /usr/local/chinamoocs/tomcat/bin
[root@iZ234r6h8j3Z bin]# ./shutdown.sh
Using CATALINA_BASE:   /usr/local/chinamoocs/tomcat
Using CATALINA_HOME:   /usr/local/chinamoocs/tomcat
Using CATALINA_TMPDIR: /usr/local/chinamoocs/tomcat/temp
```

```
    Using JRE_HOME:       /usr/local/chinamoocs/java
    Using CLASSPATH:         /usr/local/chinamoocs/tomcat/bin/bootstrap.jar:/
usr/local/chinamoocs/tomcat/bin/tomcat-juli.jar
    [root@iZ234r6h8j3Z bin]# ./startup.sh
    Using CATALINA_BASE:   /usr/local/chinamoocs/tomcat
    Using CATALINA_HOME:   /usr/local/chinamoocs/tomcat
    Using CATALINA_TMPDIR: /usr/local/chinamoocs/tomcat/temp
    Using JRE_HOME:       /usr/local/chinamoocs/java
    Using CLASSPATH:         /usr/local/chinamoocs/tomcat/bin/bootstrap.jar:/
usr/local/chinamoocs/tomcat/bin/tomcat-juli.jar
    Tomcat started.
```

（8）验证数据库迁移结果。

在浏览器中输入本实验 ECS 实例的外网访问 IP，进入"慕课云"主页，如图 3.22 所示。

图 3.22　"慕课云"主页

使用账号 admin、密码 1232456 登录后，进入系统后台的"课程内容"管理页面，添加多个章节数据，如图 3.23 所示。

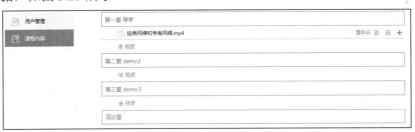

图 3.23　"课程内容"管理页面

登录 RDS 的 DMS，查看数据库表 mooc_unit 中的数据是否和管理后台所添加的数据一致，如图 3.24 所示。

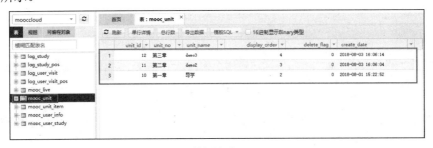

图 3.24　数据库表 mooc_unit

华为云　　　腾讯云

任务 3.3　云数据库的备份和恢复

任务的实施将基于阿里云、腾讯云和华为云的平台完成，本文以阿里云平台操作描述为主线，华为云和腾讯云平台操作的任务实践，请扫描二维码，浏览电子活页中的操作任务进行学习和实践。

1. 任务描述

在创建的 RDS 实例上创建数据库和相应账号，使用"慕课云"数据库脚本进行导入，再对该数据库进行备份后，删除其中一个表，然后通过备份创建临时实例，通过临时实例完成数据恢复操作。

2. 任务目标

（1）掌握物理备份 RDS 实例。
（2）熟悉创建 RDS 临时实例的过程。
（3）掌握恢复 RDS 实例的数据（RDS 临时实例到 RDS 主实例的数据）的方法。
（4）能够使用 DMS 管理 RDS 数据库。

3. 任务实施

【准备】

使用阿里云账号登录到云数据库 RDS 管理控制台。

【步骤】

（1）数据库备份。

在 RDS "实例列表"页面，单击相应实例进入该实例的管理页面，单击"备份恢复"菜单，在"备份恢复"页面中单击"备份实例"按钮，如图 3.25 所示。

图 3.25　"备份恢复"页面

进入"备份实例"页面，选择"物理备份"方式，单击"确定"按钮后开始备份，如图 3.26 所示。

图 3.26 "备份实例"页面

可以在页面右上角查看任务进度情况，如图 3.27 所示。

图 3.27 查看任务进度情况

备份完成后，可以在列表中看到对应的备份集，如图 3.28 所示。

图 3.28 备份完成

（2）在 DMS 上进行删除操作（以便在恢复操作后查看效果）。

使用之前创建的账号登录 DMS 后，删除数据库 mooccloud 中的数据库表 log_study，如图 3.29 所示。

图 3.29　删除数据库表 log_study

（3）购买克隆实例。

在 RDS 控制台的"备份恢复"页面中单击"数据库恢复（原克隆实例）"按钮，如图 3.30 所示。

图 3.30　"备份恢复"页面

在"数据库恢复（原克隆实例）"页面，选择"按备份集"方式还原，如图 3.31 所示。

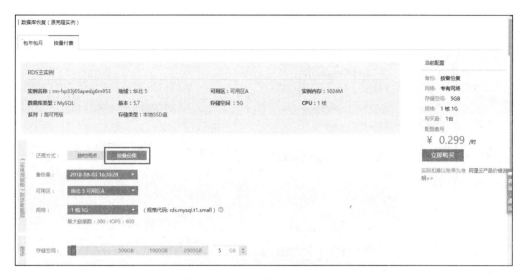

图3.31 选择"按备份集"方式

进入克隆实例的管理页面，单击"登录数据库"按钮，使用跟主实例一样的账号登录，可以查看在该克隆实例下数据库 mooccloud 中包含 log_study 表，如图 3.32 所示。

图3.32 数据库 log_study 表

（4）数据恢复。

在数据传输服务 DTS 管理控制台中，单击"创建在线迁移任务"按钮，进入"创建迁移任务"页面，填写任务名称、源库信息（RDS 克隆实例，RDS 主实例创建的数据库账号和密码）、目标库信息（RDS 主实例，RDS 主实例创建的数据库账号和密码），分别测试源库和目标库的可连接性，然后单击"授权白名单并进入下一步"按钮，如图 3.33 所示。

迁移类型选择"增量数据迁移"，在迁移对象的左侧列表中，找到并选择误删除的数据表 log_study，将其添加到右侧待迁移的数据列表中。然后单击"预检查并启动"按钮对创建的迁移任务进行检查，如图 3.34 所示。

在预检查完成后，单击"确认"按钮，开始创建迁移任务，等待迁移任务结束后，任务的状态会变成"完成"。

（5）通过 DMS 查看恢复后的主实例数据库。

再次登录主数据库实例，查看被删除的数据库表 log_study 是否已经恢复，如图 3.35 所示。

图 3.33 "创建迁移任务"页面

图 3.34 选择迁移类型和迁移对象

图 3.35 数据库 log_study 表的恢复

华为云

腾讯云

任务 3.4　只读实例的使用

任务的实施将基于阿里云、腾讯云和华为云的平台完成，本文以阿里云平台操作描述为主线，华为云和腾讯云平台操作的任务实践，请扫描二维码，浏览电子活页中的操作任务进行学习和实践。

1．任务描述

为"慕课云"系统使用的 RDS 数据库实例创建只读实例，在"慕课云"系统后台添加章节，同时登录 RDS 主实例和只读实例的 DMS，查看 mooccloud 数据库表 mooc_unit 中的数据是否同步并保持一致。

2．任务目标

学会创建并使用 RDS 只读实例。

3．任务实施

【准备】

（1）开通 RDS 实例。

（2）使用阿里云账号登录到云数据库 RDS 管理控制台。

【步骤】

（1）进入 RDS 管理控制台实例管理页面。

在"实例列表"页面，单击相应实例进入该实例的管理页面，单击"添加只读实例"命令，如图 3.36 所示。

图 3.36　实例的管理页面

（2）创建只读实例。

在"购买只读实例"页面，选择和主实例相同的可用区、网络类型、5GB 存储空间、1核 1GHz 配置，单击"立即购买"按钮，如图 3.37 所示。

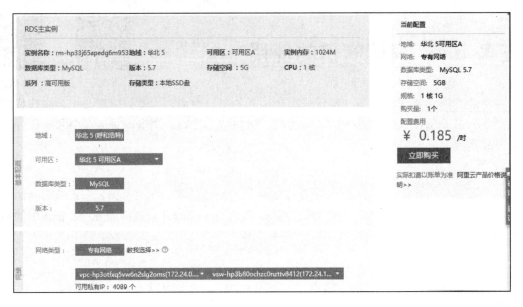

图 3.37 "购买只读实例"页面

在"订单确认"页面，完成支付流程之后，在 RDS"实例列表"页面可以看到刚刚创建的只读实例的状态为"创建中"，如图 3.38 所示。

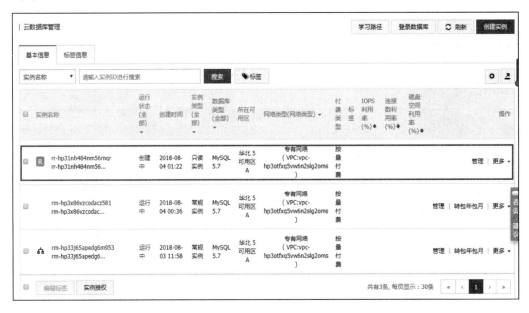

图 3.38 只读实例的状态

（3）验证只读实例。

只读实例创建完成后，在浏览器中输入本案例 ECS 实例的外网访问 IP，进入"慕课云"主页，使用账号 admin、密码 1232456 登录后，进入系统后台的"课程内容"页面，添加多个章节数据，如图 3.39 所示。

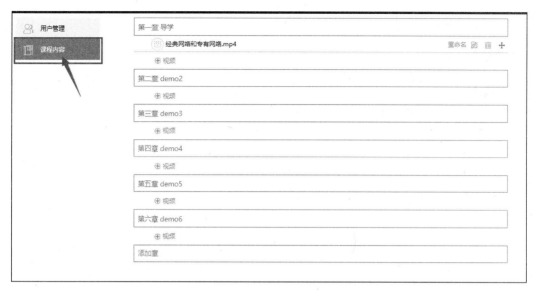

图 3.39　"课程内容"页面

分别登录主实例和只读实例的 DMS，然后查看数据库表 mooc_unit 中的数据是否都和管理后台添加的一致，如图 3.40 所示。

	unit_id	unit_no	unit_name	display_order	delete_flag	create_date
1	15	第六章	demo6	7	0	2018-08-04 01:38:28
2	14	第五章	demo5	6	0	2018-08-04 01:38:07
3	13	第四章	demo4	5	0	2018-08-04 01:37:43
4	12	第三章	demo3	4	0	2018-08-03 16:06:14
5	11	第二章	demo2	3	0	2018-08-03 16:06:04
6	10	第一章	导学	2	0	2018-08-01 15:22:52

图 3.40　查看 mooc_unit 表

任务 3.5　释放 RDS

腾讯云

任务的实施将基于阿里云和腾讯云的平台完成，本文以阿里云平台操作描述为主线，腾讯云平台操作的任务实践，请扫描二维码，浏览电子活页中的操作任务进行学习和实践。

1. 任务描述

与云服务器 ECS 一样，云数据库 RDS 也是云端付费的服务产品。对于按量付费的 RDS，在结束连续操作时，应该将其释放掉，以停止管理控制平台的持续计费。

2. 任务目标

掌握释放云数据库 RDS 的操作过程。

3．任务实施

【准备】

使用阿里云账号登录到云数据库 RDS 管理控制台。

【步骤】

（1）进入 RDS 实例管理列表。

在 RDS 实例管理列表，单击需要释放的实例 RDS 右侧的"管理"按钮，进入实例"基本信息"页面。

（2）进行释放设置。

单击"运行状态"一栏的"释放实例"按钮，如图 3.41 所示。

图 3.41　RDS 实例"基本信息"页面

在"释放实例"页面，单击"确定"按钮，如图 3.42 所示。

图 3.42　"释放实例"页面

（3）通过手机验证。

在"手机验证"页面，单击"单击获取"按钮，获取短信验证码并进行验证，最终完成释放操作。

习题

（1）为了保证数据完整可靠，数据库需要常规的自动备份来保证数据的可恢复性。RDS 提供哪两种备份功能？

（2）数据可恢复是一个数据库可靠运维的关键指标。RDS 提供哪三种恢复功能？

4.1 场景导入

由于课程视频文件不断增加，扩展云盘一次性投入高，资源利用率相对来说很低，存储受云盘容量限制，需人工扩容，同时在扩容时存在数据丢失的风险。为避免 Web 服务器空间不足，方便后期存储扩展，需要将系统上传的图片、视频存储到对象存储上，这样可以有以下好处：

（1）一次性数据迁移，后续不用再担心扩容问题。

（2）按照存储容量收费，做到用多少收费多少。

（3）很容易与 CDN 集成。

（4）可以快速进行图片处理，方便获取缩略图。

4.2 知识点讲解

4.2.1 对象存储

对象存储，也叫作基于对象的存储，是用来描述解决和处理离散单元的方法的通用术语，这些离散单元被称为对象。

就像文件一样，对象包含数据，但是和文件不同的是，每个对象是独立的，对象与对象之间不存在层级关系。

对象存储代表了新时代背景下的新型数据结构类型。新型数据结构类型就是非结构化的数据类型，如图片、音频、视频、日志等海量数据。

4.2.2 阿里云 OSS 产品

1. 概要

阿里云的对象存储产品（Object Storage Service，OSS），是一种存储容量大、可靠性和数据持久性高、安全性好、数据处理能力强、使用成本低的云存储服务。用户可以通过调用 API，在任何应用、任何时间、任何地点上传和下载数据，也可以通过用户 Web 控制台对数据进行简单的管理。OSS 适合存放任意类型的文件，适合各种网站、开发企业及开发者使用。

阿里云对象存储有以下特点。

（1）存储量大。

支持文件存储容量无限。

（2）可靠性高。

数据存储量增长或减少时，按实际使用情况自动扩容，弹性伸缩，且不影响对外服务；数据持久性高，三份数据冗余备份被存储在不同交换机的服务器中或者同城多机房的ECS中；文件碎片化存储，就是将文件拆分成多个碎片、多副本、多磁盘存储。

（3）安全性好。

它提供4种安全控制：Access ID和请求签名（API密钥），服务器端加密，防盗链，Bucket权限控制。

①API密钥是为了标识用户，为访问OSS做签名验证。

②服务器端加密是指OSS支持在服务器端对用户上传的数据进行加密编码。

③防盗链是OSS基于HTTP header中表头字段referer的防盗方法。

④OSS制定了对Bucket中Object访问的三种权限：任何人都可对数据进行读写操作的public-read-write权限；只有Bucket创建人可以进行读写操作，其他人只能进行读操作的public-read；除Bucket创建者外，任何人无权访问Bucket的private权限。

（4）文件和数据处理能力强。

支持海量数据存储，1个与数十亿个文件处理能力无差别。

（5）成本低。

无运维费用。

2．相关术语

（1）存储空间（Bucket）。

Bucket实际是命名空间的概念。就像C#程序中所有的类及执行代码必须放在命名空间中一样，这里每个Object必须都包含在Bucket中。Bucket名称在整个OSS中具有全局唯一性，且不能修改。一个用户最多可创建10个Bucket。每个Bucket中存放的Object的数量和大小总和没有限制。一个应用可以对应一个或多个Bucket。

（2）对象/文件（Object）。

Object即对象。用户的每个文件都是一个Object。文件大小是有限制的。用Put Object方式最大不能超过5GB，而使用Multipart方式上传Object大小不超过48.8TB。Object中的数据包括key、data和user meta，便于海量数据中检索数据。

（3）存储服务（Service）。

提供给用户的虚拟存储空间，用户可以在这个存储空间中拥有一个或者多个Bucket，如图4.1所示。

（4）区域（Region）。

Region表示OSS的数据中心所在的地域，即物理位置。用户可以根据费用、请求来源等综合选择数据存储的Region。一般来说，距离用户更近的Region访问速度更快。

Region是在创建Bucket的时候指定的，一旦指定就不允许更改。该Bucket下所有的Object都被存储在对应的数据中心，目前不支持Object级别的Region设置。

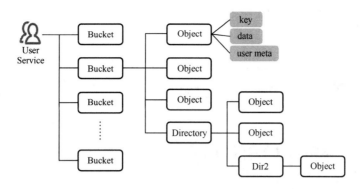

图 4.1　Service 示例

（5）访问域名（Endpoint）。

Endpoint 表示 OSS 对外服务的访问域名。OSS 以 HTTP RESTful API 的形式对外提供服务，当访问不同的 Region 时，需要不同的域名。通过内网和外网访问同一个 Region 所需的 Endpoint 也是不同的。例如，杭州 Region 的外网 Endpoint 是 oss-cn-hangzhou.aliyuncs.com，而其内网 Endpoint 是 oss-cn-hangzhou-internal.aliyuncs.com。

（6）访问密钥（Access Key）。

Access Key，简称 AK，指的是访问身份验证中用到的 Access Key ID 和 Access Key Secret。OSS 通过使用 Access Key ID 和 Access Key Secret 对称加密的方法来验证某个请求的发送者身份。Access Key ID 用于标识用户，Access Key Secret 是用户用于加密签名字符串和 OSS 用来验证签名字符串的密钥，其中 Access Key Secret 必须保密。

对于 OSS 来说，Access Key 的来源有：

● Bucket 的拥有者申请的 Access Key。

● 被 Bucket 的拥有者通过 RAM 授权给第三方请求者的 Access Key。

● 被 Bucket 的拥有者通过 STS 授权给第三方请求者的 Access Key。

（7）强一致性。

Object 操作在 OSS 上具有原子性，操作要么成功要么失败，不会存在中间状态的 Object。OSS 保证用户一旦上传完成之后读到的 Object 是完整的，OSS 就不会返回给用户一个部分上传成功的 Object。

Object 操作在 OSS 上同样具有强一致性，用户一旦收到了一个上传（PUT）成功的响应，该上传的 Object 就已经立即可读，并且数据的三份副本已经写成功。不存在一种上传的中间状态，即 read-after-write 却无法读取到数据。对于删除操作也是一样的，用户删除指定的 Object 成功之后，该 Object 立即变为不存在。

强一致性方便了用户架构设计，可以用跟传统存储设备同样的逻辑来使用 OSS，修改立即可见，无须考虑最终一致性带来的各种问题。

3．使用场景

（1）图片和音视频等应用的海量存储。

适用于图片、音视频、日志等海量文件的存储，支持各种终端设备，Web 网站程序和移动应用直接向 OSS 写入或读取数据，支持流式写入和文件写入两种方式。

（2）网页或者应用的静态和动态资源分离。

开发者可以直接使用 OSS，利用 BGP（Border Gateway Protocol）带宽，实现超低延时的数据直接下载。也可以配合阿里云 CDN 加速服务，为图片、音视频、移动应用更新分发，提供最佳体验等场景。

（3）云端数据处理。

上传文件到 OSS 后，可以配合媒体转码服务（MTS）、图片处理服务（IMG）等云端的数据处理。

任务 4.1　开通 OSS 服务，创建 Bucket

华为云

腾讯云

任务的实施将基于阿里云、腾讯云和华为云的平台完成，本文以阿里云平台操作描述为主线，华为云和腾讯云平台操作的任务实践，请扫描二维码，浏览电子活页中的操作任务进行学习和实践。

1．任务描述

对于上传云端的数据，尤其是非结构化数据，比如图片、音频、视频或日志等海量数据，往往采用对象存储方式。

对"慕课云"开通对象存储 OSS 服务。开通 OSS 后，创建 Bucket，对"慕课云"系统重新进行配置，重启 Web 服务后在浏览器中访问该系统并进行验证。

2．任务目标

（1）了解开通对象存储服务 OSS 的过程。

（2）了解如何创建 Bucket。

3．任务实施

【准备】

（1）使用账号登录阿里云的管理控制台。

（2）使用 Xshell 连接到本实验创建的云服务器 ECS 实例。

【步骤】

（1）开通 OSS 服务。

进入管理控制台，单击页面左侧的 OSS 图标，单击"立即开通"按钮（或者在阿里云官网的 OSS 产品页面单击"立即开通"按钮），完成开通 OSS 服务，如图 4.2 所示。

图 4.2　开通 OSS 服务

（2）创建 Bucket。

开通 OSS 服务后，进入 OSS 的管理控制台，单击"创建 Bucket"按钮，如图 4.3 所示。

图 4.3 "Bucket 管理"页面

在"新建 Bucket"页面中，按照 Bucket 命名规范输入 Bucket 名称（如 mooccloud），选择所属区域（和本案例创建的 ECS 实例所属区域相同），读写权限设置为"公共读写"，如图 4.4 所示。

图 4.4 创建 Bucket

（3）修改项目配置。

通过 Xftp 连接本实验的 ECS 实例，对/usr/local/chinamoocs/mooc/webapp/WEB-INF/conf 下的 conf.properties 进行修改，操作如下：

①设置 upload.resource.type 值为 aliyun（这是"慕课云"代码中限制的），如下所示：

```
## Upload type, support local,aliyun
upload.resource.type=aliyun
```

②设置 yun.access_key_id、yun.secret_access_key 为阿里云账号对应的 Access Key ID 和 Access Key Secret，如下所示：

```
## Aliyun Access Key ID
yun.access_key_id-Is1MmgF1Kbu5iL7o1
## Aliyun Access Key Secret
yun.secret_access_key=DsVkGn34OIEyCM2MC4xzSggeH9KFxi1
```

③设置 resource.url.prefix 为 Bucket 名称加上节点域名，如下所示：

```
resource.url.prefix= http://mooccloud.oss-cn-huhehaote.aliyuncs.com
```

④设置 buket_name 以及 end_point，如下所示：

```
yun.bucket_name=mooccloud
yun.oss.end_point=oss-cn-huhehaote.aliyuncs.com
```

conf.properties 修改完成后重启 Tomcat，如下所示：

```
[root@iZ234r6h8j3Z ~]# /usr/local/chinamoocs/tomcat/bin/shutdown.sh
Using CATALINA_BASE:   /usr/local/chinamoocs/tomcat
Using CATALINA_HOME:   /usr/local/chinamoocs/tomcat
Using CATALINA_TMPDIR: /usr/local/chinamoocs/tomcat/temp
Using JRE_HOME:        /usr/local/chinamoocs/java
Using CLASSPATH:       /usr/local/chinamoocs/tomcat/bin/bootstrap.jar:/usr/
local/ chinamoocs/ tomcat /bin/tomcat-juli.jar
[root@iZ234r6h8j3Z ~]# /usr/local/chinamoocs/tomcat/bin/startup.sh
Using CATALINA_BASE:   /usr/local/chinamoocs/tomcat
Using CATALINA_HOME:   /usr/local/chinamoocs/tomcat
Using CATALINA_TMPDIR: /usr/local/chinamoocs/tomcat/temp
Using JRE_HOME:        /usr/local/chinamoocs/java
Using CLASSPATH:       /usr/local/chinamoocs/tomcat/bin/bootstrap.jar:/usr/
local/ chinamoocs /tomcat/bin/tomcat-juli.jar
Tomcat started.
```

（4）查看配置结果。

使用本实验的 ECS 实例外网 IP 访问"慕课云"系统，使用账号 admin 和密码 123456 登录系统，进入系统后台。在"课程内容"页面中上传视频，如图 4.5 所示。

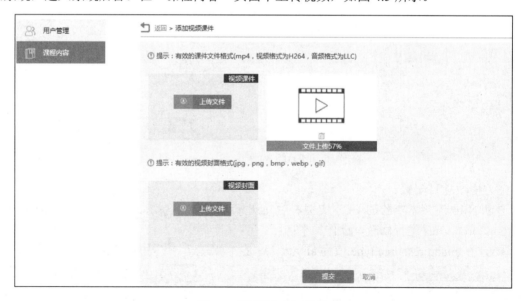

图 4.5　"课程内容"页面

上传完成后进入课程，浏览视频，如图 4.6 所示。

图 4.6　浏览视频

进入 OSS 相应的 Bucket 下的"Object 管理"页面，查看上传的文件，如图 4.7 所示。

图 4.7　查看上传的文件

任务 4.2　使用 API 上传文件到 OSS

华为云　　　腾讯云

　　任务的实施将基于阿里云、腾讯云和华为云的平台完成，本文以阿里云平台操作描述为主线，华为云和腾讯云平台操作的任务实践，请扫描二维码，浏览电子活页中的操作任务进行学习和实践。

1．任务描述

开通对象存储 OSS 服务后，将本地视频和图片文件上传到 OSS 中保存。

2．任务目标

掌握使用 OSS Java SDK 上传文件到 OSS 的过程。

3．任务实施

【准备】

（1）登录阿里云 OSS 管理控制台开通 Bucket。

（2）安装并启动 Eclipse。

【步骤】

（1）创建 Maven 项目。

在 Eclipse 中依次单击"File"→"New"→"Other"命令，在弹出的对话框中选择"Maven Project"项，单击"Next"按钮，如图 4.8 所示。

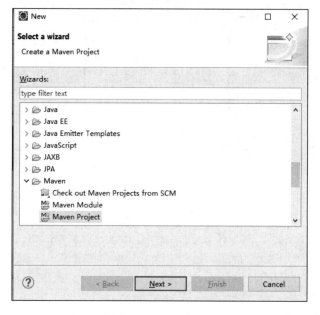

图 4.8　创建 Maven Project 工程（1）

选中"Create a simple project（skip archetype selection）"复选框，单击"Next"按钮，如图 4.9 所示。

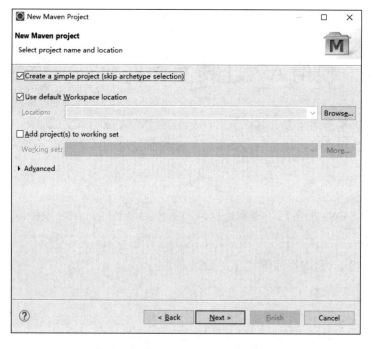

图 4.9　创建 Maven Project 工程（2）

然后填写 Group Id 和 Artifact Id，Version 默认，Packaging 默认为 jar，Name 和 Description
选填，其他的不填，然后单击"Finish"按钮，如图 4.10 所示。

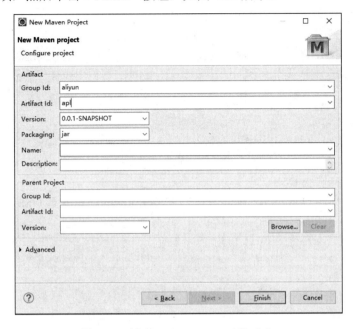

图 4.10　创建 Maven Project 工程（3）

完成后可以看到 Maven 项目，如图 4.11 所示。

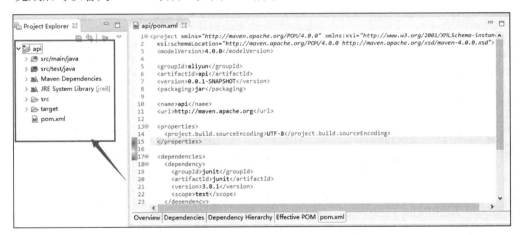

图 4.11　创建 Maven Project 工程后的代码块

（2）获取 OSS Java SDK。

方式一：在 Maven 工程中使用 OSS Java SDK，只需在 pom.xml 中加入相应依赖。以 2.2.3
版本为例，在 dependency 标签内加入如下内容：

```xml
<dependency>
    <groupId>com.aliyun.oss</groupId>
    <artifactId>aliyun-sdk-oss</artifactId>
    <version>2.2.3</version>
</dependency>
```

方式二：从 https://docs-aliyun.cn-hangzhou.oss.aliyun-inc.com/internal/oss/0.0.4/assets/sdk/aliyun_java_sdk_20160510.zip?spm=5176.doc32009.2.1.9Tf2SV&file=aliyun_java_sdk_20160510.zip 下载 OSS Java SDK，然后加入 Eclipse 的工程中。

（3）初始化 OSSClient 实例。

获取 Access Key ID 和 Access Key Secret 之后，新建一个 OSSClient，代码如下：

```
String endpoint = "http://oss-cn-huhehaote.aliyuncs.com";
// Access Key 请登录 https://ak-console.aliyun.com/#/查看
String accessKeyId ="<yourAccessKeyId>";
String accessKeySecret = "<yourAccessKeySecret>"
// 创建 OSSClient 实例
OSSClient client = new OSSClient(endpoint, accessKeyId, accessKeySecret);
```

（4）上传本地文件到 OSS。

上传本地视频文件 zhituyunke.mp4 和图片文件 zhituyunke.png 至 OSS，代码如下：

```
// 上传文件
client.putObject("mooccloud", "demo-video", new File("D:\\demo.mp4"));
client.putObject("mooccloud", "demo-image", new File("D:\\demo.jpg"));
// 关闭 client
client.shutdown ();
```

代码执行结果如图 4.12 所示。

```
1  package aliyun.api;
2
3  import java.io.File;
4
5  import com.aliyun.oss.OSSClient;
6
7  public class OSSDemo {
8
9      public static void main(String[] args) {
10             String endpoint = "http://oss-cn-huhehaote.aliyuncs.com";
11             // accessKey请登录https://ak-console.aliyun.com/#/查看
12             String accessKeyId ="LTAIh1TuswOSfOMT";
13             String accessKeySecret = "KqrpkFprCkjITuR7TPk65sqggxAIJO";
14             // 创建OSSClient实例
15             OSSClient client = new OSSClient(endpoint, accessKeyId, accessKeySecret);
16             // 上传文件
17             client.putObject("mooccloud", "demo-video", new File("D:\\demo.mp4"));
18             client.putObject("mooccloud", "demo-image", new File("D:\\demo.jpg"));
19             // 关闭client
20             client.shutdown();
21             System.out.println("完成文件上传");
22      }
23
24  }
```

```
Properties   Servers   Data Source Explorer   Snippets   Console ✖
<terminated> OSSDemo [Java Application] C:\Java\jre8\bin\javaw.exe (2018年8月22日 下午11:54:14)
完成文件上传
```

图 4.12　代码执行结果

（5）查看上传到 OSS 的文件。

进入"mooccloud"管理页面，即可查看上传到 OSS 的图片和视频文件，如图 4.13 所示。

获取图片"demo-image"的访问地址，在浏览器中进行访问，如图 4.14 所示。

图 4.13　"mooccloud"管理页面

图 4.14　访问图片

华为云　　　腾讯云

任务 4.3　防盗链设置

任务的实施将基于阿里云、腾讯云和华为云的平台完成，本文以阿里云平台操作描述为主线，华为云和腾讯云平台操作的任务实践，请扫描二维码，浏览电子活页中的操作任务进行学习和实践。

1．任务描述

假设网站 A 的网页中有一些图片、音频或者视频的链接，这些静态资源都保存在对象存储 OSS 上。而另一网站 B，在未经 A 允许的情况下，偷偷使用 A 的图片资源，放置在自己网站的网页中，通过这种方法盗取空间和流量。

给"慕课云"项目中使用的 Bucket 设置防盗链功能，仅允许在"test.mooclouddemo.com"域名下访问。

2．任务目标

掌握防盗链设置的方法。

3．任务实施

【准备】

登录阿里云 OSS 管理控制台。

【步骤】

（1）设置 Referer 名单。

进入 Bucket 管理页面，在基础设置页面设置防盗链，输入"http://test.moocclouddemo.com"，并且选择不允许 Referer 为空选项，然后单击"保存"按钮，完成防盗链设置，如图 4.15 所示。

图 4.15　Referer 设置页面

（2）验证防盗链设置是否生效。

使用 Linux 系统的"curl"命令进行测试：

①执行"curl https://mooccloud.oss-cn-huhehaote.aliyuncs.com/demo.txt"，返回报错信息"AccessDenied"。

②执行"curl -e http://www.aliyun.com https://mooccloud.oss-cn-huhehaote.aliyuncs. com/demo.txt"，返回报错信息"AccessDenied"。

③执行"curl -e http://test.moocclouddemo.com https://mooccloud.oss-cn-huhehaote.aliyuncs.com/demo.txt"，没有报错。

验证防盗链设置如图 4.16 所示。

```
[root@iZhp340vx49u55qqr84lcpZ ~]# curl https://mooccloud.oss-cn-huhehaote.aliyuncs.com/demo.txt
<?xml version="1.0" encoding="UTF-8"?>
<Error>
  <Code>AccessDenied</Code>
  <Message>You are denied by bucket referer policy.</Message>
  <RequestId>5B6EF2F909410DC0C16A0161</RequestId>
  <HostId>mooccloud.oss-cn-huhehaote.aliyuncs.com</HostId>
  <BucketName>mooccloud</BucketName>
</Error>
[root@iZhp340vx49u55qqr84lcpZ ~]# curl -e http://www.aliyun.com https://mooccloud.oss-cn-huhehaote.aliy
uncs.com/demo.txt
<?xml version="1.0" encoding="UTF-8"?>
<Error>
  <Code>AccessDenied</Code>
  <Message>You are denied by bucket referer policy.</Message>
  <RequestId>5B6EF30053856F5EC99E87BA</RequestId>
  <HostId>mooccloud.oss-cn-huhehaote.aliyuncs.com</HostId>
  <BucketName>mooccloud</BucketName>
</Error>
[root@iZhp340vx49u55qqr84lcpZ ~]# curl -e http://test.moocclouddemo.com https://mooccloud.oss-cn-huheha
ote.aliyuncs.com/demo.txt
```

图 4.16　验证防盗链设置

任务 4.4　静态网站托管

华为云

腾讯云

任务的实施将基于阿里云、腾讯云和华为云的平台完成，本文以阿里云平台操作描述为主线，华为云和腾讯云平台操作的任务实践，请扫描二维码，浏览电子活页中的操作任务进行学习和实践。

1．任务描述

OSS 服务可以对静态网站进行托管。开通 OSS 支持的 2 种静态网站托管模式。

（1）索引页面模式。

设置索引页面，使得当用户直接访问静态网站时，OSS 返回默认索引文档，即网站的 index.html。

（2）错误页面模式。

设置错误页面，使得当用户访问静态网站时，遇到类似于 HTTP 4××错误时，OSS 返回用户的错误页面。

开通 OSS 的静态网站托管功能，设置索引页面和错误页面。

2．任务目标

（1）熟悉静态网站托管功能。

（2）掌握设置索引页面和错误页面的方法。

3．任务实施

【准备】

登录阿里云 OSS 管理控制台。

【步骤】

（1）上传静态网页。

准备 index.html 页面，内容如下所示。

```html
<html>
    <head>
        <title>慕课云</title>
        <meta charset="utf-8">
    </head>
    <body>
        <p>这是 OSS 静态网站托管首页</p>
    </body>
</html>
```

准备 404.html 页面，内容如下所示。

```html
<html>
    <head>
        <title>慕课云</title>
        <meta charset="utf-8">
    </head>
    <body>
        <p>这是 OSS 静态网站托管的 404 错误页面</p>
    </body>
</html>
```

将 index.html 和 404.html 静态网页上传至 Object 管理中，另外上传一个测试图片 demo.jpg，如图 4.17 所示。

（2）开通 OSS 的静态网站托管功能。

打开"Bucket 属性"页面，进入"Website 设置"页面，在"静态页面"设置中，将"默认首页"设置为步骤（1）中完成的 index.html，将"默认 404 页"设置为步骤（1）中完成的 404.html，然后单击"保存"按钮，如图 4.18 所示。

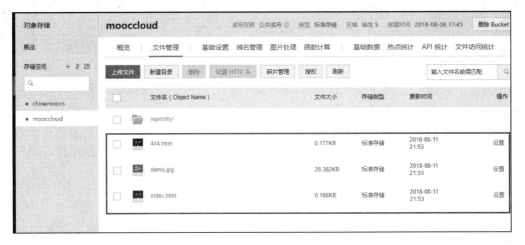

图 4.17 "Object 管理"页面

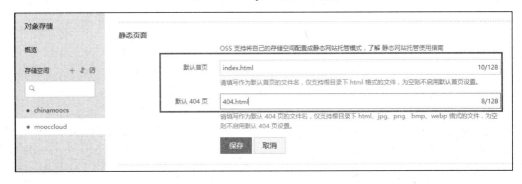

图 4.18 "Website 设置"页面

（3）验证效果。

访问 http://mooccloud.oss-cn-huhehaote.aliyuncs.com/index.html，即显示 index.html 页面，如图 4.19 所示。

图 4.19 显示 index.html 页面

获取步骤（1）中上传的 demo.jpg 图片的访问地址并通过浏览器访问（http:// mooccloud.oss-cn-huhehaote.aliyuncs.com/demo.jpg），如图 4.20 所示。

图 4.20 访问图片

将图片的访问地址修改为 http://mooccloud.oss-cn-huhehaote.aliyuncs.com/demo1.jpg，再通过浏览器访问，即显示 404.html 页面，如图 4.21 所示。

图 4.21　显示 404.html 页面

任务 4.5　日志设置

华为云　　　腾讯云

任务的实施将基于阿里云、腾讯云和华为云的平台完成，本文以阿里云平台操作描述为主线，华为云和腾讯云平台操作的任务实践，请扫描二维码，浏览电子活页中的操作任务进行学习和实践。

1．任务描述

利用管理控制台为存储空间启用日志记录。日志记录可以详细记录存储空间数据流动的详细情况。为"慕课云"项目中使用的 Bucket 设置日志管理功能，生成日志文件。

2．任务目标

熟悉为 Bucket 设置日志管理的功能。

3．任务实施

【准备】

登录阿里云 OSS 管理控制台。

【步骤】

（1）设置日志管理。

进入 Bucket 管理页面，在基础设置页面中开启日志管理，选择需要设置日志管理的 Bucket，输入日志前缀，然后单击"保存"按钮，即可完成日志管理的设置，如图 4.22 所示。

图 4.22　日志管理的设置

（2）查看生成的日志文件。

完成日志管理设置，需要等待数小时之后，进入已设置日志管理的 Bucket 的"Object 管理"页面，可以查看生成的日志文件，如图 4.23 所示。

图 4.23　查看生成的日志文件

华为云

腾讯云

任务 4.6　释放 OSS

任务的实施将基于阿里云、腾讯云和华为云的平台完成，本文以阿里云平台操作描述为主线，华为云和腾讯云平台操作的任务实践，请扫描二维码，浏览电子活页中的操作任务进行学习和实践。

1．任务描述

与 ECS 和 RDS 一样，对象存储 OSS 也是云端付费的服务产品。对于按量付费的 OSS，在结束连续操作时，应该将其释放掉，以停止管理控制平台的持续计费。将"慕课云"项目测试过程中创建的 OSS Bucket 释放掉。

2．任务目标

掌握 OSS Bucket 的释放方法。

3．任务实施

【准备】

登录阿里云 OSS 管理控制台。

【步骤】

（1）进入 Bucket 管理页面。

在 Bucket 管理页面中，单击"文件管理"按钮。

（2）删除 Bucket 下的 Object。

删除 Bucket 前需要先删除该 Bucket 下所有的 Object 对象，如图 4.24 所示。

图 4.24　查看 Object 对象

（3）删除 Bucket。

返回 Bucket 管理页面，单击右上角的"删除 Bucket"按钮，在弹出的确认框中，单击"确定"按钮，即可完成对 Bucket 的删除操作，如图 4.25 所示。

图 4.25　删除 Bucket

习题

（1）OSS 与文件系统有什么区别？

（2）目前 OSS 提供的防盗链方法主要有哪两种？

（3）OSS ACL 提供 Bucket 级别权限访问控制，有哪三种访问权限？

5.1　场景导入

单台 ECS 支撑的请求一定是有物理极限的，单纯靠升级配置是无法解决的，需要多台服务器进行协作。

在用户访问量不断增加的情况下，需要增加多台 ECS 以支撑不断增长的 PV/UV（Page View/Unique Vistor），使用负载均衡可以通过流量分发扩展应用系统对外的服务能力，同时可以消除单点故障，提升应用系统的可用性。另外，在做系统升级时，可以在不影响用户访问的情况下，进行后端升级。

5.2　知识点讲解

5.2.1　负载均衡概述

服务器负载均衡（Server Load Balancer，SLB）是对多台服务器进行流量分发，意思是将任务分摊到多个操作单元上进行执行，如 Web 服务器、FTP 服务器、企业关键应用服务器和其他关键任务服务器等，从而共同完成工作任务。

一台普通服务器的处理能力只能达到每秒几万个到几十万个请求，无法在一秒钟内处理上百万个甚至更多的请求。但若能将多台这样的服务器组成一个系统，并通过软件技术将所有请求平均分配给所有服务器，那么这个系统就完全拥有每秒钟处理几百万个甚至更多请求的能力。这就是负载均衡最初的基本设计思想。

目前，负载均衡技术主要包括以下 4 种。

1. 软件负载均衡技术

这是基于特定服务器软件的负载均衡。这种技术是利用网络协议的重定向功能来实现负载均衡的。例如，在 HTTP 协议中支持定位指令，接收到这个指令的浏览器将自动重定向到该指令指明的另一个 URL 上。由于和执行服务请求相比，发送定位指令对 Web 服务器的负载要小得多，因此可以根据这个功能来设计一种负载均衡的服务器。一旦 Web 服务器认为自己的负载较大，它就不再直接给浏览器发送返回的请求网页，而是送回一个定位指令，让浏览器去服务器集群中的其他服务器上获得所需要的网页。在这种方式下，服务器本身必须支持这种功能。然而具体实现起来却有很多困难，例如，一台服务器如何能保证它重定向过的服务器是比较空闲的？并且不会再次发送定位指令？定位指令和浏览器都没有这方面的支持能力，这样很容易在浏览器上形成一种死循环。因此，这种方式在实际应用当中并不多见，使用这种方式实现的服务器集群软件也较少。

2．DNS 负载均衡技术

这是基于 DNS 的负载均衡。DNS 负载均衡技术是最早的负载均衡解决方案，它是通过 DNS 服务中的随机名字解析来实现的。在 DNS 服务器中，可以为多个不同的地址配置同一个名字，而最终查询这个名字的客户机将在解析这个名字时得到其中的一个地址。因此，对于同一个名字，不同的客户机会得到不同的地址，它们也就访问不同地址上的 Web 服务器，从而达到负载均衡的目的。这种技术的优点是实现简单、实施容易、成本低，适用于大多数 TCP/IP 应用。但是，其缺点也非常明显。首先这种方案不是真正意义上的负载均衡，DNS 服务器将 HTTP 请求平均分配到后台的 Web 服务器上，而不考虑每个 Web 服务器当前的负载情况；如果后台的 Web 服务器的配置和处理能力不同，最慢的 Web 服务器将成为系统的瓶颈，处理能力强的服务器不能充分发挥作用。其次它未考虑容错，如果后台的某台 Web 服务器出现故障，DNS 服务器仍然会把 DNS 请求分配到这台故障服务器上，导致不能响应客户端。最后一点是致命的，它有可能造成相当一部分客户不能享受 Web 服务，并且由于 DNS 缓存的原因，所造成的后果要持续相当长一段时间（一般 DNS 的刷新周期约为 24 小时）。所以，在国外最新的建设中心 Web 站点方案中，已经很少采用这种方案了。

3．交换负载均衡技术

这是基于四层交换技术的负载均衡。第四层交换的含义，简单地说就是数据传输不仅仅依据 MAC 地址或 IP 地址，而且依据 TCP/UDP 应用端口号。它服从的协议有多种，有 HTTP、FTP、NFS、Telnet 或其他协议。

在第四层交换机上设置 Web 服务的虚拟 IP 地址，这个虚拟 IP 地址是 DNS 服务器中解析到的 Web 服务器的 IP 地址，对客户端是可见的。当客户访问此 Web 应用时，客户端的 HTTP 请求会先被第四层交换机接收到，它将基于第四层交换技术实时检测后台 Web 服务器的负载，根据设定的算法进行快速交换。常见的算法有轮询、加权、最少连接、随机和响应时间等。

4．七层负载均衡技术

这是基于七层交换技术的负载均衡。基于第七层交换的七层负载均衡技术主要用于实现 Web 应用的负载平衡和服务质量保证。它与第四层交换机相比有许多优势：第七层交换机不仅能检查 TCP/IP 数据包的 TCP 和 UDP 端口号，从而转发给后台的某台服务器来处理，而且能从会话层以上来分析 HTTP 请求的 URL，根据 URL 的不同将不同的 HTTP 请求交给不同的服务器来处理（可以具体到某一类文件，直至某一个文件），甚至同一个 URL 请求可以让多个服务器来响应以分担负载（当客户访问某一个 URL，发起 HTTP 请求时，它实际上要与服务器建立多个会话连接，得到多个对象，例如.txt/.gif/.jpg 文档，当这些对象都下载到本地后，才组成一个完整的页面）。

以上几种负载均衡技术主要应用于一个站点内的服务器群，但是由于一个站点接入 Internet 的带宽是有限的，因此可以把负载均衡技术应用于不同的网络站点之间，这就是站点镜像技术。站点镜像技术实际上利用了 DNS 负载均衡技术。

负载均衡技术的应用，可以充分利用资源，提升系统整体性能。传统的负载均衡技术通常基于服务器的响应速度、连接数或轮询方法，使用均衡负载技术，大大提升了系统的负载能力及整体系统性能。但由于均衡的对象粒度太大，实际上很难达到较高的负载均衡效果。在云计算时代，软件负载均衡得到了很大的发展。软件负载均衡只需通过简单的软件操作就可以选择需要的 CPU、内存和带宽等，是一种弹性负载均衡。软件 SLB 从宏观上看节省了硬件资源，从微观上看价格低廉，操作也比较简单。而虚拟化技术的应用，使均衡的对象粒度明显减小，一台物理服务器可以虚拟成多台虚拟服务器，虚拟化后的资源变得更加可以量化。虚拟化技术，将底层的计算资源切分或合并成一个或多个运行环境，以软件的方式模拟硬件，通过软件的方式逻辑切分服务器资源，形成统一的虚拟资源池，创建虚拟机运行的独立环境。这种逻辑结构提供了灵活可变、易配置、可扩展的平台服务，并且可以实现灵活有效的分布存储和计算，从而整体上为实现强大的计算和海量数据存储能力提供了基础保障。

在云计算中提供快速的 Web 应用程序和服务的重要性比以前更显重要了。而且，随着消费者对于速度更快的网站和服务的需求相结合的要求不断增长，促使一大批企业过渡到云计算。而在云计算负载均衡器的帮助下，在云环境中管理应用程序将比以往任何时候都要更容易。

5.2.2 阿里云负载均衡

1. 概要

服务器负载均衡是对多台云服务器进行流量分发的负载均衡服务。负载均衡可以通过流量分发扩展应用系统对外的服务能力，通过消除单点故障提升应用系统的可用性。

负载均衡服务通过设置虚拟服务地址（IP），将位于同一地域（Region）的多台云服务器 ECS 资源虚拟成一个高性能、高可用的应用服务池；根据应用指定的方式，将来自客户端的网络请求分发到云服务器池中。

负载均衡服务会检查云服务器池中 ECS 的健康状态，自动隔离异常状态的 ECS，从而解决了单台 ECS 的单点故障问题，同时提高了应用的整体服务能力。在标准的负载均衡功能之外，负载均衡服务还具备 TCP 与 HTTP 抗 DDoS 攻击的特性，增强了应用服务器的防护能力。

负载均衡服务是 ECS 面向多机方案的一个配套服务，需要同 ECS 结合使用。

2. 相关术语（如表 5.1 所示）

表 5.1 负载均衡相关术语表

术　语	中　文	说　明
Server Load Balancer	负载均衡服务	阿里云计算提供的一种网络负载均衡服务,可以结合阿里云提供的 ECS 服务为用户提供基于 ECS 实例的 TCP 与 HTTP 负载均衡服务
Load Balancer	负载均衡服务实例	负载均衡实例可以理解为负载均衡服务的一个运行实例,用户要使用负载均衡服务,就必须先创建一个负载均衡实例,LoadBalancerId 是识别用户负载均衡实例的唯一标识
Listener	负载均衡服务监听	负载均衡服务监听,包括监听端口、负载均衡策略和健康检查配置等,每个监听对应后端的一个应用服务
Backend Server	后端服务器	接收负载均衡分发请求的一组 ECS,负载均衡服务将外部的访问请求按照用户设定的规则转发到这一组后端 ECS 上进行处理
Address	服务地址	系统分配的服务地址,当前为 IP 地址。用户可以选择该服务地址是否对外公开,来分别创建公网和私网类型的负载均衡服务
Certificate	证书	用于 HTTPS 协议。用户将证书上传到负载均衡中,在创建 HTTPS 协议监听的时候绑定证书,提供 HTTPS 服务

3．功能概述

负载均衡服务主要由以下 3 个基本概念组成：

（1）LoadBalancer 代表一个负载均衡实例。

（2）Listener 代表用户定制的负载均衡策略和转发规则。

（3）BackendServer 是后端的一组 ECS。

来自外部的访问请求，通过负载均衡实例并根据相关的策略和转发规则分发到后端 ECS 进行处理。

负载均衡核心概念如图 5.1 所示。

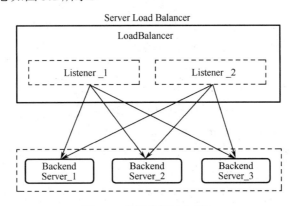

图 5.1　负载均衡核心概念

阿里云提供四层（TCP 协议和 UDP 协议）和七层（HTTP 协议和 HTTPS 协议）的负载均衡服务，主要特点如下：

（1）可以对后端 ECS 进行健康检查，自动屏蔽异常状态的 ECS，待该 ECS 恢复正常后自动解除屏蔽。

（2）提供会话保持功能，在 Session 的生命周期内，可以将同一客户端请求转发到同一台后端 ECS 上。

（3）支持加权轮询（WRR）、加权最小连接数（WLC）转发方式。WRR 方式将外部请求依序分发到后端 ECS 上，WLC 方式将外部请求分发到当前连接数最小的后端 ECS 上，后端 ECS 权重越高被分发的概率也越大。

（4）支持针对监听来分配其对应服务所能达到的带宽峰值。

（5）可以支持公网或私网类型的负载均衡服务。

（6）提供丰富的监控数据，实时了解负载均衡运行状态。

（7）结合云盾，提供 WAF 及防 DDoS 攻击能力，包括 CC、SYN Flood 等。

（8）支持同一地域（Region）跨数据中心容灾，结合 DNS 还可以支持跨地域容灾。

（9）针对 HTTPS 协议，提供统一的证书管理服务，证书无须上传后端 ECS，解密处理在负载均衡上进行，降低后端 ECS 的 CPU 开销。

（10）提供控制台、API、SDK 多种管理方式。

4．基础架构

负载均衡服务的基础架构图如图 5.2 所示，其详细解释如下：

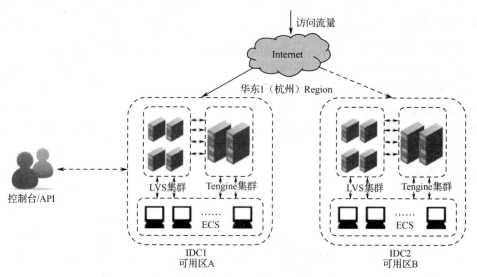

图 5.2　负载均衡服务的基础架构图

（1）当前提供四层和七层的负载均衡服务。

（2）四层采用开源软件 LVS+Keepalived 实现负载均衡。

（3）七层采用 Tengine 实现负载均衡。Tengine 是由淘宝网发起的 Web 服务器项目，它在 Nginx 的基础上，针对大访问量网站的需求，添加了很多高级功能和特性。

（4）负载均衡采用集群部署，可实现会话同步，以消除服务器单点故障，提升冗余，保证服务稳定。可在某些地域部署两个机房，以实现同城容灾。

5．使用场景

负载均衡适合作为程序的流量入口，横向扩展应用系统的服务能力，适用于各种 Web Server 和 App Server，可消除应用系统的单点故障。

在如图 5.3 所示的负载均衡架构中，SLB 自动选择最佳路径访问 RDS 和 OSS，实现 ECS 的协同工作，并且方便扩展，消除单个节点故障的干扰。

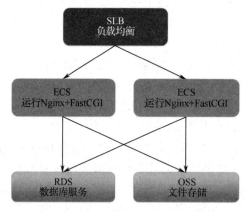

图 5.3　负载均衡架构

负载均衡主要可以应用于以下场景中：

（1）横向扩展应用系统的服务能力，适用于各种 Web Server 和 App Server。

（2）消除应用系统的单点故障，当其中一部分 ECS 宕机后，应用系统仍能正常工作。

任务 5.1　使用 SLB 提高应用系统稳定性

华为云

腾讯云

任务的实施将基于阿里云、腾讯云和华为云的平台完成，本文以阿里云平台操作描述为主线，华为云和腾讯云平台操作的任务实践，请扫描二维码，浏览电子活页中的操作任务进行学习和实践。

1．任务描述

"慕课云"系统面向全国的用户，所以我们要通过 SLB 将资源较为均衡地分配给全国不同地区的用户，充分考虑各个地区用户在使用中对网速的要求。

2．任务目标

掌握阿里云负载均衡服务的配置和使用。

3．任务实施

【准备】

已创建并配置"慕课云"ECS 实例。

【步骤】

（1）开通 SLB。

开通 SLB 前，要确认 SLB 的区域（考虑用户位置、SLB 服务价格等因素）、ECS 的数量、网络类型以及 SLB 的转发协议（选择四层或者七层协议），选择公网服务还是内网服务，是否需要域名和计费模式（按使用流量或固定带宽计费）等 SLB 配置参数。

在前面的章节里，我们已选择合适地域，创建并配置了 ECS 实例。在此基础上，进入管理控制台的"负载均衡"页面，创建 SLB，如图 5.4 所示。

图 5.4　"负载均衡"页面

单击"创建负载均衡"按钮，进入负载均衡参数选择页面，如图 5.5 所示。

根据在任务描述中确认好的一系列参数，选择配置 SLB。选择完成后，单击"立即购买"按钮，进入后续的开通操作。

（2）配置负载均衡实例监听。

首先修改已经部署好 Web 应用的服务器上 Nginx 的配置文件/usr/local/chinamoocs/nginx/conf/nginx.conf，增加以下/check 检查路径配置，如图 5.6 所示。

图 5.5　负载均衡参数选择页面

```
server {
    listen      80;
    server_name localhost;

    #charset utf-8;

    location / {
        root /usr/local/chinamoocs/mooc/webapp;
        expires 30d;
        index index.html index.jsp;
    }
    location ~ /check {
        if ($request_method ~* HEAD) {
            return 200;
        }
    }
    location ~ (\.jsp|\.mooc) {
        proxy_redirect off;
        proxy_set_header Host $host;
        proxy_set_header X-Real-IP $remote_addr;
        proxy_set_header X-Forwarded-For $proxy_add_x_forwarded_for;
        proxy_pass http://backend;
        client_max_body_size 2050m;
        client_body_buffer_size 128k;
        proxy_connect_timeout 600;
        proxy_read_timeout 600;
        proxy_send_timeout 600;
        expires 0;
    }
}
```

图 5.6　检查负载均衡路径配置

重启 Nginx 服务，如下所示：

```
[root@iZ234r6h8j3Z ~]# /usr/local/chinamoocs/nginx/sbin/nginx -s reload
```

为了确认 SLB 正常工作，用户需要对 TCP、HTTP 或 HTTPS 端口进行监听，这里以前端服务器应用 HTTP 协议的负载均衡为例。经过配置监听后，再管理后端服务器。

进入管理控制台的"负载均衡"页面，如图 5.7 所示。

图 5.7　"负载均衡"页面

单击负载均衡 ID 号，进入监听页面。单击"监听"选项卡，进入"监听"页面，如图 5.8 所示。

图 5.8　"监听"页面

单击"添加监听"按钮，进入"添加监听"页面，如图 5.9 所示。

在"前端协议[端口]"的下拉菜单中，有 HTTP、HTTPS 和 FTP 等选项，用户根据自己的需求选择端口进行后续配置。

这里选择 HTTP，并配置相关的一系列参数，如图 5.10 所示。然后单击"下一步"按钮，进入如图 5.10 所示的"健康检查配置"页面。

在图 5.10 中，"域名"可以不填，"检查端口"可以用后端服务器默认的端口，"检查路径"建议只对静态网页进行检查（默认页），这里设置为"/check"。然后单击"确认"按钮，如图 5.11 所示，出现"配置成功"页面。

（3）配置负载均衡后端服务器。

利用已经部署"慕课云"平台 ECS 的自定义镜像，创建一个 ECS 实例，并启动该实例上的 Tomcat 服务。

进入默认服务器配置页面，单击"未添加的服务器"菜单，勾选 2 台服务器，然后单击"批量添加"按钮，如图 5.12 所示。

图 5.9　"添加监听"页面

图 5.10　"健康检查配置"页面

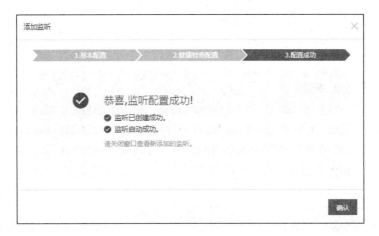

图 5.11　"配置成功"页面

图 5.12　添加服务器

在弹出的确认提示框中，默认权重比例，然后单击"确认"按钮，如图 5.13 所示。

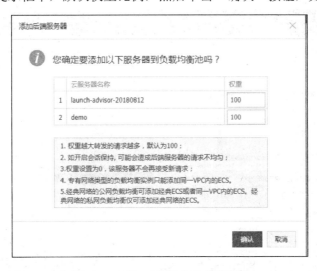

图 5.13　添加后端服务器确认页面

权重比例越高的 ECS，被分配到的访问请求也越多。这里的权重可以保持默认值 100。需要注意的是，负载均衡不支持跨地域（Region）部署，一个负载均衡实例后端的多台 ECS 必须处于同一账号且同一地域（Region）才可以配置。例如，上海的 ECS 和杭州的 ECS 无法加入同一个负载均衡实例。此外，负载均衡后端 ECS 之间的数据同步可通过 Rsync 等同步工具实现。用户也可以将 ECS 配置成无状态的应用服务器，而数据和文件统一存放在 RDS 和 OSS 服务上。

（4）验证负载均衡效果。

修改其中一个"慕课云"平台的 CSS 样式文件，将 /usr/local/chinamoocs/mooc/webapp/theme/default 中 elements.css 文件第 372 行的"#ff7826"修改成"#fff"，以便区分两个站点，然后在浏览器中输入 SLB 的 IP 地址进行访问，刷新浏览器可以看到两个站点轮流访问，如图 5.14 和图 5.15 所示。

图 5.14 访问"慕课云"站点（1）

图 5.15 访问"慕课云"站点（2）

（5）开启会话保持。

通过 SLB 的公网地址访问"慕课云"平台，尝试登录，可以发现无法登录到系统的后台，再次进入 SLB 监听的配置页面，开启会话保持，设置会话保持超时时间为 300 秒，如图 5.16 所示。

图 5.16　SLB 监听配置页面

完成会话保持设置之后，再次访问"慕课云"平台，此时已经可以正常登录。

（6）实时数据监控。

选择"管理"菜单，进入实例管理–监控指标页面，如图 5.17 所示。

图 5.17　实例管理–监控指标页面

负载均衡提供 7 类监控指标：流量、数据包数、并发连接数、新建连接数、丢弃流量、丢弃数据包数、丢弃连接数。

华为云

腾讯云

任务 5.2　删除负载均衡实例

任务的实施将基于阿里云、腾讯云和华为云的平台完成，本文以阿里云平台操作描述为主线，华为云和腾讯云平台操作的任务实践，请扫描二维码，浏览电子活页中的操作任务进行学习和实践。

1．任务描述

删除不需要的负载均衡实例。

2．任务目标

掌握删除负载均衡实例的操作。

3．任务实施

【准备】

登录阿里云 SLB 管理控制台。

【步骤】

当不需要负载均衡器时，可以将相应实例删除。删除负载均衡实例不会影响后端 ECS。删除前，域名需要解析到新的 IP 地址，以便保证业务不中断。如果用户有指向负载均衡域名的别名记录，需要将域名解析到新的 IP 地址，然后才能删除负载均衡实例。

（1）释放 SLB。

在"负载均衡实例详情"页面，单击"释放设置"按钮，如图 5.18 所示。

图 5.18　"负载均衡实例详情"页面

用户可以根据需要，选择立即释放或者定时释放。若选择立即释放，单击"下一步"按钮；若选择定时释放，设置自动释放的时间，然后单击"下一步"按钮。在弹出的"释放设置"确认页面中，单击"确认"按钮。

（2）手机验证。

进入手机验证环节，输入手机验证码，单击"确定"按钮，完成负载均衡器的释放。

负载均衡实例释放掉之后，与该负载均衡实例关联的后端云服务器 ECS 实例将继续运行，而且用户需要为运行的实例支付费用。

习题

（1）监听配置主要涉及四层（TCP 协议/UDP 协议）和七层（HTTP 协议/ HTTPS 协议）服务监听配置，分别用于什么应用场景？

（2）负载均衡的会话保持是通过什么方式实现的？

6.1 场景导入

将"慕课云"系统部署在负载均衡 SLB 的集群环境下会出现这样的问题：在访问系统时明明已经登录系统，但在访问过程中总是会跳转到未登录的页面。这是由于用户登录的会话信息丢失导致的。这就需要将用户登录信息进行缓存处理，以解决使用负载均衡，在集群环境下用户会话保持问题。

另外，由于系统的业务要求，在访问每个页面时需要频繁获取当前登录用户信息，从云数据库的监控信息来看连接数较高。将用户登录信息进行缓存处理，同样可以有效减缓数据库的访问压力。

6.2 知识点讲解

6.2.1 Redis 概述

1. Redis 概念

Redis 是一个依据 BSD 开源协议的高性能 Key-Value 存储系统，使用 ANSI C 语言编写，提供多种语言的 API，支持网络。Redis 的开发工作最早由 VMware 主持。

Memcached 是一个分布式高速缓存系统，它基于内存的 Key-Value 存储，用来存储小块的任意数据（字符串、对象）。Redis 和 Memcached 类似，支持存储的 value 类型相对更多，包括字符串（String）、散列（Hash）、链表（List）、集合（Set）、有序集合（Sorted Set）。这些数据类型都支持 PUSH/POP、ADD/REMOVE 和取交集、并集、差集及更丰富的操作，而且这些操作都是原子性的。在此基础上，Redis 支持各种不同方式的排序。与 Memcached 一样，为了保证效率，数据都缓存在内存中。不同的是 Redis 会周期性地把更新的数据写入磁盘或者把修改操作写入追加的记录文件，并且在此基础上实现了 Master-Slave（主、从）同步。丰富的数据结构使得 Redis 的设计非常有趣。

2. Redis 原理

Redis 的出现很大程度补偿了 Memcached 这类 Key-Value 存储的不足，在部分场合可以对关系数据库起到较好的补充作用。它提供了包括 Java、C/C++、C#、PHP、JavaScript、Perl、

Object C、Python、Ruby 和 Erlang 等客户端，使用很方便。

Redis 支持主、从同步。数据可以从主服务器向任意数量的从服务器同步，从服务器可以是关联其他从服务器的主服务器。这使得 Redis 可执行单层树复制。存盘可以有意无意地对数据进行写操作。由于完全实现了发布/订阅机制，使得从数据库在任何地方同步树时，可订阅一个频道并接收主服务器完整的消息发布记录。同步对读取操作的可扩展性和数据冗余很有帮助。

并不能将 Redis 狭义地理解为一个 Key-Value 存储，因为 Redis 有 5 种不同的数据结构，其中只有 1 种是经典的 Key-Value 结构。Redis 实际上是一个数据结构服务器，支持不同类型的值。也就是说，用户不必仅仅把字符串当作键所指向的值。要想理解 Redis，就必须理解 Redis 所支持的 5 种数据结构以及它们的工作方式。

6.2.2　Redis 配置

1．基本操作

Redis 可以在没有配置文件的情况下通过内置的配置来启动，但是这种启动方式只适用于开发和测试。合理地配置 Redis 的方式是提供一个 Redis 配置文件，这个文件通常叫作 redis.conf。

redis.conf 文件中包含了很多格式简单的指令如下：

keyword argument1 argument2 ... argumentN

关键字　　参数 1　　　参数 2　　　... 参数 N

以下是一个配置指令的示例：

slaveof 127.0.0.1 6380

如果参数中含有空格，那么可以用双引号，如下所示：

requirepass "hello world"

这些指令的配置、意义以及深入使用方法都能在每个 Redis 发布版本自带的 redis.conf 文档中找到。

2．通过命令行传递参数

Redis 自 2.6 起就可以直接通过命令行传递 Redis 配置参数。这种方法可以用于测试。以下是一个例子：配置一个新运行并以 6380 为端口的 Redis 实例，将它配置为 127.0.0.1:6379 Redis 实例的 slave。

./redis-server --port 6380 --slaveof 127.0.0.1 6379

通过命令行传递的配置参数的格式和在 redis.conf 中设置的配置参数的格式完全一样，唯一不同的是需要在关键字之前加上前缀 "--"。

需要注意的是，通过命令行传递参数的过程会在内存中生成一个临时的配置文件（也许会直接追加在命令指定的配置文件后面），这些传递的参数也会转化为跟 Redis 配置文件一样的形式。

3．运行时配置更改

Redis 允许在运行的过程中，在不重启服务器的情况下更改服务器配置，同时也支持使用特殊的 "CONFIG SET" 和 "CONFIG GET" 命令用编程方式查询并设置配置。并非所有的配置指令都支持这种使用方式，但是大部分是支持的。

需要确保的是，在通过"CONFIG SET"命令进行设置的同时，也需要在 redis.conf 文件中进行相应的更改。未来 Redis 有计划提供一个"CONFIG REWRITE"命令，在不更改现有配置文件的同时，根据当下的服务器配置对 redis.conf 文件进行重写。

4．配置 Redis 成为一个缓存

如果想把 Redis 当作一个缓存来用，所有的 Key 都有过期时间，那么可以考虑使用以下设置（假设最大内存使用量为 2MB）：

maxmemory 2mb

maxmemory-policy allkeys-lru

以上设置并不需要我们的应用使用"EXPIRE"命令（或相似的命令）去设置每个 Key 的过期时间，因为只要内存使用量到达 2MB，Redis 就会使用类 LRU 算法自动删除某些 Key。

相比使用额外内存空间存储多个 Key 的过期时间，使用缓存设置是一种更加有效利用内存的方式。而且相比每个 Kcy 固定的过期时间，使用 LRU 也是一种更加值得推荐的方式，因为这样能使应用的热数据（更频繁使用的 Key）在内存中停留时间更久。

当我们把 Redis 当成缓存来使用的时候，如果应用程序同时也需要把 Redis 当成存储系统来使用，那么强烈建议使用两个 Redis 实例。一个是缓存，使用上述方法进行配置；另一个是存储，根据应用的持久化需求进行配置，并且只存储那些不需要被缓存的数据。

6.2.3 Redis 使用场景

1．在主页中显示最新的项目列表

一些网站需要展示最近、最热、点击率最高、活跃度最高的 Top List，就比较适合使用 Redis 作为存储。可以用 LPUSH 来插入一个内容 ID，作为关键字存储在列表头部。LTRIM 用来限制列表中的项目数最多为 5000。如果用户需要检索的数据量超越了这个缓存容量，这时才需要把请求发送到数据库。

2．排行榜及相关问题

排行榜（Leader Board）按照得分进行排序。使用 ZADD 命令可以实现该功能，而 ZREVRANGE 命令可以用来按照得分获取前 100 名的用户，ZRANK 可以用来获取用户排名，非常直接而且操作容易。

3．按照用户投票和时间排序

LPUSH 和 LTRIM 命令结合运用，可以把文章添加到一个列表中。一项后台任务用来获取列表，并重新计算列表的排序，ZADD 命令用来按照新的顺序填充生成列表。即使是负载很重的站点，也可以实现非常快速的检索。

4．计数

进行各种数据统计的用途是非常广泛的，INCRBY 命令让这些变得很容易，通过原子递增保持计数；GETSET 用来重置计数器；过期属性用来确认一个关键字什么时候应该删除。

5．队列

在当前的编程中队列随处可见。除了 PUSH 和 POP 类型的命令之外，Redis 还有阻塞队

列的命令，能够让一个程序在执行时被另一个程序添加到队列。用户也可以做些更有趣的事情，比如一个旋转更新的 RSS feed 队列。

6.2.4　阿里云云数据库 Redis 版

1．概要

阿里云云数据库 Redis 版（ApsaraDB for Redis）是兼容开源 Redis 协议的 Key-Value 类型在线存储服务。它支持字符串（String）、链表（List）、集合（Set）、有序集合（SortedSet）、散列（Hash）等多种数据类型，以及事务（Transactions）、消息订阅与发布（Pub/Sub）等高级功能。通过内存+硬盘的存储方式，ApsaraDB for Redis 在提供高速数据读写能力的同时满足数据持久化需求。

除此之外，ApsaraDB for Redis 作为云计算服务，其硬件和数据部署在云端，有完善的基础设施规划、网络安全保障、系统维护服务。所有这些都无须用户考虑，确保用户专心致力于自身业务创新。

阿里云云数据库 Redis 版兼容开源 Redis 协议中定义的所有数据类型，如 String、Hash、List、Set、SortedSet 等，支持多种数据操作，充分满足业务需求；支持内存+硬盘的存储方式，数据存储到物理磁盘，满足用户数据持久化需求；支持基于事件通知机制解耦消息发布者和消息订阅者之间的耦合，实现消息发布及订阅（Pub/Sub）功能，满足多个客户端使用者之间的互联互通；支持 Redis 协议中定义的事务（Transaction）处理，实现单个客户端发送的多个命令组成的原子性操作。

阿里云云数据库 Redis 版具有以下简单易用、弹性扩容、高可用和高可靠等特点。

（1）简单易用。

①服务开箱即用：支持即开即用的方式，购买之后即刻可用，方便业务快速部署。

②兼容开源 Redis：兼容 Redis 命令，任何 Redis 客户端都可以轻松与 ApsaraDB for Redis 建立连接并进行数据操作。

③ 可视化的管理监控面板：控制台提供多项监控统计信息，并可以进行管理操作。

（2）弹性扩容。

①存储容量一键扩容：用户可根据业务需求通过控制台对实例存储容量进行调整（公测期间需申请开通）。

②在线扩容不中断服务：调整实例存储容量可在线进行，无须停止服务，不影响用户自身业务。

（3）高可用。

①每个实例均有主、从双节点：避免单点故障引起的服务中断。

②硬件故障自动检测与恢复：自动侦测硬件故障并在数秒内切换，恢复服务。

（4）高可靠。

①数据持久化存储：内存+硬盘的存储方式，在提供高速数据读写能力的同时满足数据持久化需求。

②数据主、从双备份：所有数据在主、从节点上进行双备份。

2. 相关术语（如表 6.1 所示）

表 6.1　Redis 相关术语表

术　　语	说　　明
Redis	Redis 是一款依据 BSD 开源协议发行的高性能 Key-Value 存储系统（Cache and Store）
实例 ID	实例对应一个用户空间，是使用 KVStore 的基本单位。KVStore 对单个实例根据不同的容量规格有不同的连接数、带宽、CPU 处理能力等限制。用户可在控制台中看到自己购买的实例 ID 列表。KVStore 实例分为主-从双节点实例和高性能集群实例两种
主-从双节点实例	是指具备主-从架构的 ApsaraDB for Redis 实例。主-从双节点能扩展的容量和性能有限
高性能集群实例	是指具有集群扩展性的 ApsaraDB for Redis 实例。集群实例有更好的扩展性和性能，但是在功能上也有一定的限制
连接地址	用于连接 ApsaraDB for Redis 的 Host 地址。以域名方式展示，可在实例信息→连接信息中查询到
连接密码	用于连接 ApsaraDB for Redis 的密码。密码拼接方法为：实例 ID:自定义密码。例如，在购买时设置的密码为 1234，分配的实例 ID 为×××× ，那么密码即为××××:1234
逐出策略	与 Redis 的逐出策略保持一致。具体参见 http://redis.io/topics/lru-cache
DB	即 Redis 中的 Database。ApsaraDB for Redis 支持 16 个 DB，默认写入到第 0 个 DB 中

3. 使用场景

（1）游戏玩家积分排行榜。

ApsaraDB for Redis 在功能上与 Redis 基本一致，因此很容易用它来实现一个在线游戏中的积分排行榜功能。

（2）网上商城商品相关性分析。

ApsaraDB for Redis 在功能上与 Redis 基本一致，因此很容易利用它来实现一个网上商城的商品相关性分析程序。

商品的相关性就是某个商品与其他另外某商品同时出现在购物车中的情况。这种数据分析对于电商行业是非常重要的，可以用来分析用户购买行为。例如：

①在某一商品的详情页面，推荐给用户与该商品相关的其他商品。

②在添加购物车成功页面，当用户把一个商品添加到购物车后，推荐给用户与之相关的其他商品。

③在货架上将相关性比较高的几个商品摆放在一起。

实现方法为：利用 ApsaraDB for Redis 的有序集合，为每种商品构建一个有序集合，集合的成员为和该商品同时出现在购物车中的商品，成员的 Score 为同时出现的次数。每次 A 和 B 商品同时出现在购物车中时，分别更新 ApsaraDB for Redis 中 A 和 B 对应的有序集合。

（3）消息的发布与订阅。

ApsaraDB for Redis 也提供了与 Redis 相同的消息发布（Pub）与订阅（Sub）功能，即一个 Client 发布消息，其他多个 Client 订阅消息。

需要注意的是，ApsaraDB for Redis 发布的消息是"非持久"的，即消息发布者只负责发送消息，而不管消息是否有接收方，也不会保存之前发送的消息，即发布的消息"即发即失"；消息订阅者也只能得到订阅之后的消息，频道（Channel）中此前的消息将无从获得。

此外，消息发布者（即 Publish 客户端）无须独占与服务器端的连接，可以在发布消息的同时，使用同一个客户端连接进行其他操作（例如 List 操作等）。但是消息订阅者（即 Subscribe 客户端）需要独占与服务器端的连接，即进行 Subscribe 期间，该客户端无法执行其他操作，而是以阻塞的方式等待频道中的消息。因此，消息订阅者需要使用单独的服务器连接，或者需要在单独的线程中使用。

（4）管道传输（Pipeline）。

ApsaraDB for Redis 提供了与 Redis 相同的管道传输机制。管道将客户端 Client 与服务器端的交互明确划分为单向的发送请求（Send Request）和接收响应（Receive Response）。用户可以将多个操作连续发给服务器，但在此期间服务器端并不对每个操作命令发送响应数据；全部请求发送完毕后用户关闭请求，开始接收响应获取每个操作命令的响应结果。

管道在某些场景下非常有用，例如，有多个操作命令需要被迅速提交至服务器端，但用户并不依赖每个操作返回的响应结果，对结果响应也无须立即获得，那么管道就可以用来作为优化性能的批处理工具。性能提升的原因主要是减少了 TCP 连接中交互往返的开销。

不过在程序中使用管道请注意：使用管道时客户端将独占与服务器端的连接，此期间将不能进行其他"非管道"类型操作，直至管道被关闭；如果要同时执行其他操作，可以为管道操作单独建立一个连接，将其与常规操作分离开来。

（5）事务处理（Transaction）。

ApsaraDB for Redis 支持 Redis 中定义的事务机制，即用户可以使用 MULTI、EXEC、DISCARD、WATCH 和 UNWATCH 指令来执行原子性的事务操作。

需要强调的是，Redis 中定义的事务并不是关系数据库中严格意义上的事务。当 Redis 事务中的某个操作执行失败，或者用 DISCARD 取消事务时，Redis 并不执行"事务回滚"，在使用时要注意这一点。

任务 6.1　使用 Redis 缓存热点数据

华为云　　　　腾讯云

任务的实施将基于阿里云、腾讯云和华为云的平台完成，本文以阿里云平台操作描述为主线，华为云和腾讯云平台操作的任务实践，请扫描二维码，浏览电子活页中的操作任务进行学习和实践。

1. 任务描述

针对"慕课云"系统创建云数据库 Redis 实例，然后设置 Tomcat 集群的 Session 共享，重启 Tomcat 服务，登录"慕课云"系统，然后进入云数据库 Redis 的 DMS 查看会话记录。

2. 任务目标

（1）学会 Tomcat 集群的 Session 共享设置。
（2）掌握云数据库 Redis 基本操作命令的使用。

3. 任务实施

【准备】

（1）已注册成为阿里云用户，且账号经过实名认证。
（2）基于 SLB+ECS 架构部署"慕课云"。

【步骤】

（1）创建 Redis 实例。

进入云数据库 Redis 管理控制台，单击"创建实例"按钮，如图 6.1 所示。

图 6.1　云数据库 Redis 管理控制台

在购买页面选择"按量付费"，进行如下操作：

地域同本案例 ECS 实例所在地域，存储容量选择 2GB。按要求设置登录密码和实例名称，数量设置为 1，如图 6.2 所示。

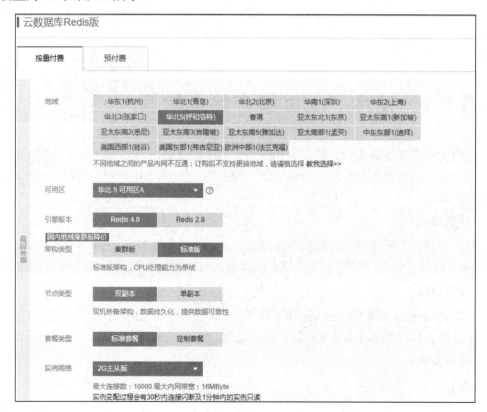

图 6.2　云数据库购买页面（部分）

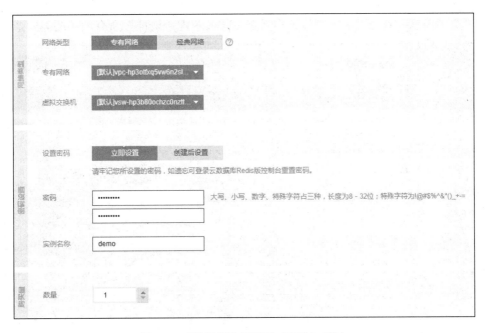

图 6.2　云数据库购买页面（部分）（续）

在"确认订单"页面，勾选服务条款，单击"去开通"按钮，完成开通云数据库 Redis 版的操作，如图 6.3 所示。

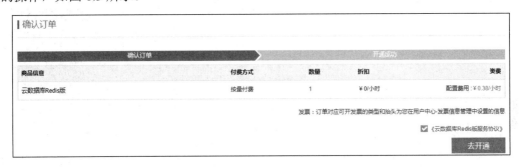

图 6.3　"确认订单"页面

在云数据库 Redis 版"实例列表"页面等待若干分钟，实例创建完成，状态成为"运行中"，如图 6.4 所示。

图 6.4　云数据库状态

在"实例信息"页面，单击"设置白名单后才显示连接地址"命令，如图 6.5 所示。

图 6.5 "实例信息"页面

在白名单设置页面，单击"修改"按钮，如图 6.6 所示。

图 6.6 白名单设置页面

在弹出的"修改白名单分组"页面，添加部署"慕课云"平台的 ECS 的内网地址，如图 6.7 所示。

图 6.7 "修改白名单分组"页面

在"实例信息"页面查看 host 地址，复制该地址备用，如图 6.8 所示。

图 6.8 查看 host 连接地址信息

（2）Tomcat 集群的 Session 共享设置。

修改/usr/local/chinamoocs/tomcat/conf/Catalina/localhost 目录下的 Root.xml，增加配置，host 和 password 分别为步骤（1）创建的云数据库 Redis 实例的 host 和密码，如下所示：

```xml
<?xml version="1.0" encoding="UTF-8"?>
<Context docBase="/usr/local/chinamoocs/mooc/webapp" reloadable="false"
allowLinking="true">
<!-- Default set of monitored resources -->
<WatchedResource>WEB-INF/web.xml</WatchedResource>
<Resource ……/>

<Valve className="com.orangefunction.tomcat.redissessions.
RedisSessionHandlerValve" />
<Manager className="com.orangefunction.tomcat.redissessions.
RedisSessionManager"
        host="6c6fa36b46c947fe.m.cnhza.kvstore.aliyuncs.com"
        port="6379"
        database="0"
 password="123456"
        maxInactiveInterval="60" />
</Context>
```

将文件 tomcat-redis-session-manager.jar、commons-pool2-2.4.2.jar 和 jedis-2.5.2.jar 复制到 /usr/local/chinamoocs/tomcat/lib 目录下，如图 6.9 所示。

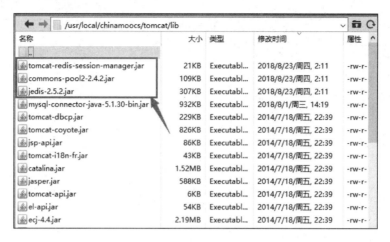

图 6.9　拷贝 .jar 文件

重启 Tomcat 服务，如下所示：

```
[root@iZ234r6h8j3Z ~]# /usr/local/chinamoocs/tomcat/bin/shutdown.sh
Using CATALINA_BASE:   /usr/local/chinamoocs/tomcat
Using CATALINA_HOME:   /usr/local/chinamoocs/tomcat
Using CATALINA_TMPDIR: /usr/local/chinamoocs/tomcat/temp
Using JRE_HOME:        /usr/local/chinamoocs/java
Using CLASSPATH:       /usr/local/chinamoocs/tomcat/bin/bootstrap.jar:/usr/
local/chinamoocs /tomcat/bin /tomcat-juli.jar
[root@iZ234r6h8j3Z ~]# /usr/local/chinamoocs/tomcat/bin/startup.sh
Using CATALINA_BASE:   /usr/local/chinamoocs/tomcat
Using CATALINA_HOME:   /usr/local/chinamoocs/tomcat
Using CATALINA_TMPDIR: /usr/local/chinamoocs/tomcat/temp
Using JRE_HOME:        /usr/local/chinamoocs/java
Using CLASSPATH:       /usr/local/chinamoocs/tomcat/bin/bootstrap.jar:/usr/
local/chinamoocs /tomcat/bin/tomcat-juli.jar
Tomcat started.
```

（3）通过 DMS 查看配置结果。

使用负载均衡的公网 IP 在浏览器中进行访问，并使用账号 admin 和密码 123456 登录"慕课云"系统，如图 6.10 所示。

图 6.10　登录"慕课云"系统

在云数据库 Redis 版实例"demo"管理页面，单击"登录数据库"按钮，如图 6.11 所示。

图 6.11　数据库实例"demo"管理页面

在 DMS 的登录页面，输入在步骤（1）开通 Redis 实例时所设置的密码，如图 6.12 所示。

图 6.12　登录数据库

在 DMS 管理页面，可以看到 Redis 中记录的登录会话信息，如图 6.13 所示。

图 6.13　DMS 管理页面

DMS 作为管理 RDS 的重要组件之一，为用户提供基本 MySQL 操作、实例信息以及导入/导出等功能。输入正确的数据库用户名、密码即可登录 DMS。

用户可以设置是否允许别人不登录该 RDS 实例所在主账号的情况下，可以直接通过 DMS 访问。这里可设置允许所有的用户访问（不建议）或者允许白名单的用户访问。在设置白名单的时候可以有两种方式：普通账号和子账号。这样设置后对应的账号可以登录 RDS。另外，如果白名单中的普通账号通过勾选所有子账号自动默认为白名单用户的话，则该主账号下的所有子账号均有权限登录。

（4）使用 DMS 管理 Redis 数据库。

单击"终端命令"，切换至命令界面，如图 6.14 所示。

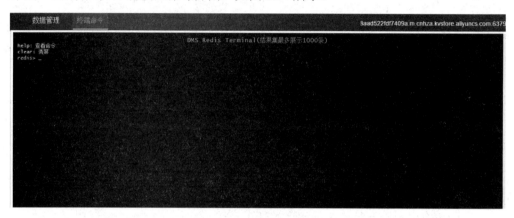

图 6.14　"终端命令"界面

依次输入如下命令，创建 key1 和 key2 两个键值，然后删除 key2，分别获取 key1 和 key2 中的值，查询 key1 和 key2 是否存在，查看执行的结果，如图 6.15 所示。

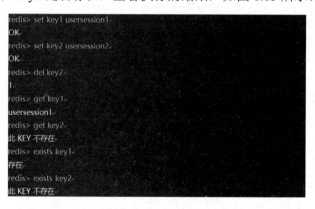

图 6.15　查看执行的结果

（5）使用客户端连接 Redis 数据库。

任何兼容 Redis 协议的客户端都可以访问阿里云 ApsaraDB for Redis 服务，用户可以根据自身应用特点选用任何 Redis 客户端。

在使用客户端连接 ApsaraDB for Redis 时，用户可能会遇到显示密码不对的问题。这时，首先要确认用户的 ApsaraDB for Redis 实例密码是否输入正确，如有必要可以通过控制台来重置/修改密码。

如果确认密码正确但用客户端连接 ApsaraDB for Redis 时显示密码不对，则请检查是否按照要求的格式输入了鉴权信息。ApsaraDB for Redis 的鉴权信息包括了（instanceId:password）两部分，请检查在程序中是否输入了完整信息。

以 Java 代码为例，正确的代码应该是：

```
Jedis jedis = new Jedis (host, port);//鉴权信息由用户名:密码拼接而成 jedis.auth
("instance_id:password");
```

如果我们在代码中只输入了 password，代码如下：

```
Jedis jedis = new Jedis (host, port);
//鉴权信息缺少了 instance_idjedis. auth ("password");//错误
```

则在连接 AliCloudDB for Redis 时会得到如下的出错信息：

```
redis.clients.jedis.exceptions.JedisDataException: ERR Authentication failed.
```

（6）通过公网连接云数据库 Redis。

目前云数据库 Redis 需要通过 ECS 的内网进行连接访问，如果用户本地需要通过公网访问云数据库 Redis，对于 ECS Windows 云服务器，可以通过 netsh 进行端口映射实现；对于 ECS Linux 云服务器，可通过安装 rinetd 进行转发实现。

对于 ECS Windows 服务器，登录 ECS Windows 服务器，在"命令提示符"界面执行"netsh interface portproxy add v4tov4 listenaddress=ECS 服务器的公网 IP 地址 listenport=6379 connectaddress=云数据库 Redis 的连接地址 connectport=6379"命令，如图 6.16 所示。

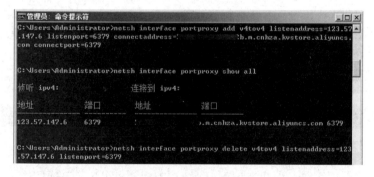

图 6.16　"命令提示符"界面

其中：

① "netsh interface portproxy delete v4tov4 listenaddress=ECS 公网服务器的公网 IP 地址 listenport=6379"可以删除不需要的映射。

② "netsh interface portproxy show all"可以查看当前服务器中存在的映射。

设置完成后进行验证测试。在本地 redis-cli 连接 ECS Windows 服务器后进行数据写入和查询验证，ECS Windows 服务器的 IP 地址是 1.1.1.1，即"telnet 1.1.1.1 6379"，如图 6.17 所示。

图 6.17　连接 ECS Windows 服务器

通过上述步骤即可实现：用户本地的 PC 或服务器通过公网连接 ECS Windows 6379 端口，访问云数据库 Redis。

对于 ECS Linux 服务器，在云服务器 ECS Linux 中安装 rinetd，具体如图 6.18 所示。

```
wget http://www.boutell.com/rinetd/http/rinetd.tar.gz&&tar -xvf rinetd.tar.gz&&cd rinetd
sed -i 's/65536/65535/g' rinetd.c（修改端口范围）
mkdir /usr/man&&make&&make install
```

图 6.18   安装 rinetd

由于 rinetd 安装包下载地址未必有效，我们可以自行搜索安装包进行下载使用。安装完成后，创建配置文件，如下所示：

```
Vi/etc/rinetd.conf.
```

输入如下内容：

```
0.0.0.0 6379 Redis 的链接地址 6379
logfile /var/log/rinetd.log
```

如图 6.19 所示。

```
[root@localhost rinetd]# cat /etc/rinetd.conf
0.0.0.0 6379 |            _b.m.cnhza.kvstore.aliyuncs.com 6379
logfile /var/log/rinetd.log
```

图 6.19   输入文件内容

执行 rinetd 命令启动程序。

通过 echo rinetd>>/etc/rc.local 可以将其设置为自启动，也可以使用 pkill rinetd 结束该进程。

最后，验证测试如图 6.20 所示。在本地通过 redis-cli 连接 ECS Linux 服务器后进行登录验证（如安装了 rinetd 的服务器的 IP 地址是 1.1.1.1）：

```
redis-cli -h 1.1.1.1 -a Redis 的实例 ID:Redis 密码
```

```
[root@iZ       Z init.d]# redis-cli -h 123.57.22.211 -a        2b:
redis 123.57.22.211:6379> []
```

图 6.20   验证测试

通过上述步骤即可实现：用户本地的 PC 或服务器通过公网连接 ECS Linux 6379 端口，访问云数据库 Redis。

任务 6.2   释放 Redis

华为云

腾讯云

任务的实施将基于阿里云、腾讯云和华为云的平台完成，本文以阿里云平台操作描述为主线，华为云和腾讯云平台操作的任务实践，请扫描二维码，浏览电子活页中的操作任务进行学习和实践。

1. 任务描述

与 ECS、RDS、OSS 一样，高速缓存 Redis 也是云端付费的服务产品。对于按量付费的 Redis，在任务结束时，应该将其释放，以停止管理控制平台的持续计费。

将"慕课云"项目测试过程中创建的高速缓存数据库 Redis 释放掉。

2．任务目标

掌握释放 Redis 的操作。

3．任务实施

【准备】

使用阿里云账号登录到阿里云管理控制台。

【步骤】

（1）进入 Redis"实例列表"页面。

在 Redis"实例列表"页面，单击需要释放的实例 Redis 右侧的"释放"命令，如图 6.21
所示。

图 6.21　"实例列表"页面

（2）释放确认。

在"释放实例"页面，单击"确定"按钮，完成云数据库 Redis 的释放操作。

习题

（1）Redis 提供哪五种数据类型？

（2）Redis 的常见应用场景有哪些？

第 **7** 章
弹性架构之 CDN

7.1　场景导入

　　"慕课云"系统作为在线视频点播学习平台,在经过一段时间的细心经营后,用户数不断上升,而且访问网站学习的用户也遍布全国各地,但此时用户的体验却在急剧下降,时常收到用户的抱怨,说网页在某个地区打开很慢,视频无法加载。而在系统部署的区域,网页访问和视频加载速度都相对正常。很显然目前的单节点服务已经无法为各地用户都提供流畅的学习体验。Google 及其他网站的研究表明,一个网站每慢一秒,就会丢失许多访客,甚至这些访客永远不会再次光顾这些网站。那么如何解决这一问题呢?

　　可以试想一下,如果系统在全国各地都布有服务节点,这样各地区的用户都就近访问,那么无论用户在哪里,都可以获得很好的网站访问和视频浏览体验。这个就是内容分发网络 CDN 的主要功能。

　　使用 CDN 的优势也很明显。CDN 节点不仅解决了跨地域和跨运营商访问的问题,访问延时大大降低,而且大部分请求在 CDN 边缘节点完成,CDN 起到了分流作用,同时减轻了源站的负载。

7.2　知识点讲解

7.2.1　CDN 概述

1. CDN 的概念和意义

　　CDN(Content Delivery Network,内容分发网络)是将源站内容分发至其他所有的节点,缩短用户查看对象的延迟,提高用户访问网站的响应速度与网站的可用性,解决网络带宽小、用户访问量大、网点分布不均等问题。

　　狭义地讲,CDN 是一种新型的网络构建方式,它是为能在传统的 IP 网发布宽带丰富媒体而特别优化的网络覆盖层;而从广义的角度,CDN 代表了一种基于质量与秩序的网络服务模式。简单地说,CDN 是一个经策略性部署的整体系统,包括分布式存储、负载均衡、网络请求的重定向和内容管理 4 个要件,而内容管理和全局的网络流量管理(Traffic Management)是 CDN 的核心所在。通过用户就近性和服务器负载的判断,CDN 确保内容以一种极为高效的方式为用户的请求提供服务。总的来说,内容服务基于缓存服务器,也称作代理缓存

（Surrogate），它位于网络的边缘，距用户仅有"一跳"（Single Hop）之遥。同时，代理缓存是内容提供商源服务器（通常位于 CDN 服务提供商的数据中心）的一个透明镜像。这样的架构使得 CDN 服务提供商能够代表它们的客户，即内容供应商，向最终用户提供尽可能好的体验，而这些用户是不能容忍请求响应时间有任何延迟的。据统计，采用 CDN 技术，能处理整个网站页面的 70%～95%的内容访问量，减轻服务器的压力，提升了网站的性能和可扩展性。

与目前现有的内容发布模式相比较，CDN 强调了网络在内容发布中的重要性。通过引入主动的内容管理层和全局负载均衡，CDN 从根本上区别于传统的内容发布模式。在传统的内容发布模式中，内容的发布由 ICP 的应用服务器完成，而网络只表现为一个透明的数据传输通道，这种透明性表现在网络的质量保证仅仅停留在数据包的层面，而不能根据内容对象的不同区分服务质量。此外，IP 网的"尽力而为"的特性，使得其质量保证是依靠在用户和应用服务器之间端到端地提供充分的、远大于实际所需的带宽通量来实现的。在这样的内容发布模式下，不仅大量宝贵的骨干带宽被占用，同时 ICP 的应用服务器的负载也变得非常重，而且不可预计。当发生一些热点事件和出现浪涌流量时，会产生局部热点效应，从而使应用服务器过载而退出服务。这种基于中心的应用服务器的内容发布模式的另外一个缺陷在于个性化服务的缺失和对宽带服务价值链的扭曲，内容提供商承担了它们不该干也干不好的内容发布服务。

纵观整个宽带服务的价值链，内容提供商和用户位于整个价值链的两端，中间依靠网络服务提供商将其串接起来。随着工业互联网的成熟和商业模式的变革，在这条价值链上的角色越来越多也越来越细分，比如内容/应用的运营商、托管服务提供商、骨干网络服务提供商、接入服务提供商等。在这条价值链上的每个角色都要分工合作、各司其职才能为客户提供良好的服务，从而带来多赢的局面。从内容与网络的结合模式上看，内容的发布已经走过了 ICP 的内容（应用）服务器和 IDC 这两个阶段。IDC 的热潮也催生了托管服务提供商这一角色。但是，IDC 并不能解决内容的有效发布问题。内容位于网络的中心并不能解决骨干带宽的占用和建立 IP 网络上的流量秩序。因此，将内容推到网络的边缘，为用户提供就近性的边缘服务，从而保证服务的质量和整个网络上的访问秩序就成了一种显而易见的选择。而这就是内容分发网络（CDN）服务模式。CDN 的建立解决了困扰内容运营商的内容"集中与分散"的两难选择，无疑对于构建良好的互联网价值链是有价值的，也是不可或缺的。

2. CDN 的应用

目前的 CDN 服务主要应用于证券、金融、保险、服务提供、ICP、网上交易、门户网站、大中型公司、网络教学等领域，另外，在行业专网、互联网中都可以用到，甚至可以对局域网进行网络优化。利用 CDN，相关网站无须投资昂贵的各类服务器、设立分站点，特别是流媒体信息的广泛应用、远程教学课件等消耗带宽资源多的媒体信息，应用 CDN 把内容复制到网络的最边缘，使内容请求点和交付点之间的距离缩至最小，从而促进 Web 站点性能的提高。CDN 的建设主要有：企业建设的 CDN，为企业服务；IDC 的 CDN，主要服务于 IDC 和增值服务；网络运营商主建的 CDN，主要提供内容推送服务；CDN 服务商专门建设的 CDN，用于商业服务。用户通过与 CDN 机构进行合作，CDN 机构负责信息传递工作，保证信息正常传输，维护传输网络，而用户只需要进行内容维护，不再需要考虑流量问题。CDN 能够为网络的快速、安全、稳定、可扩展等方面提供保障。

IDC 运营商一般需要有分布在各地的多个 IDC，服务对象是托管在 IDC 的客户，利用现有的网络资源，投资较少，容易建设。例如，某 IDC 在全国有 10 个机房，加入 IDC 的 CDN 托管在一个节点的 Web 服务器，相当于有了 10 个镜像服务器，就近供客户访问。宽带城域网，域内网络速度很快，出城带宽一般就会遇到瓶颈。为了体现城域网的调整体验，解决方案就是将 Internet 上的内容高速缓存到本地，将高速缓存（Cache）服务器部署在城域网各 POP 点上，这样就形成高效有序的网络，用户仅一跳就能访问大部分的内容，这也是一种加速所有网站 CDN 的应用。

3．使用 CDN 与传统未加缓存服务访问方式的差别

（1）传统的未加缓存服务的网站访问过程。

①用户向浏览器提供要访问的域名。

②浏览器调用域名解析函数库对域名进行解析，以得到此域名对应的 IP 地址。

③浏览器使用所得到的 IP 地址，域名的服务主机发出数据访问请求。

④浏览器根据域名主机返回的数据显示网页的内容。

通过以上 4 个步骤，浏览器完成从用户处接收用户要访问的域名到从域名服务主机处获取数据的整个过程。

CDN 网络是在用户和服务器之间增加 Cache 层，如何将用户的请求引导到 Cache 上获得源服务器的数据呢？这主要是通过接管 DNS 实现的。

（2）使用 CDN 缓存后的网站访问过程。

①用户向浏览器提供要访问的域名。

②浏览器调用域名解析库对域名进行解析，由于 CDN 对域名解析过程进行了调整，所以解析函数库一般得到的是该域名对应的 CNAME 记录。为了得到实际 IP 地址，浏览器需要再次对获得的 CNAME 域名进行解析以得到实际的 IP 地址。在此过程中，使用的全局负载均衡 DNS 解析，如根据地理位置信息解析对应的 IP 地址，使得用户能就近访问。

③此次解析得到 CDN 缓存服务器的 IP 地址，浏览器在得到实际的 IP 地址以后，向缓存服务器发出访问请求。

④缓存服务器根据浏览器提供的要访问的域名，通过 Cache 内部专用 DNS 解析得到此域名的实际 IP 地址，再由缓存服务器向此实际 IP 地址提交访问请求。

⑤缓存服务器从实际 IP 地址得到内容以后，一方面在本地进行保存，以备以后使用；另一方面把获取的数据返回给客户端，完成数据服务过程。

⑥客户端得到由缓存服务器返回的数据以后显示出来并完成整个浏览的数据请求过程。

4．CDN 网络实现的具体操作过程

为了实现既要对普通用户透明（即加入缓存以后用户客户端无须进行任何设置，直接使用被加速网站原有的域名即可访问），又要在为指定的网站提供加速服务的同时降低对 ICP（Internet Content Provider，Internet 内容提供商）的影响，只要修改整个访问过程中的域名解析部分，以实现透明的加速服务。具体操作过程如下：

①作为 ICP，只需要把域名解释权交给 CDN 运营商，其他方面不需要进行任何修改。操作时，ICP 修改自己域名的解析记录，一般用 CNAME 方式指向 CDN 网络 Cache 服务器的地址。

②作为 CDN 运营商，首先需要为 ICP 的域名提供公开的解析，一般是把 ICP 的域名解

析结果指向一个 CNAME 记录。

③CDN 运营商可以利用 DNS 对 CNAME 指向的域名解析过程进行特殊处理，使 DNS 服务器在接收到客户端请求时可以根据客户端的 IP 地址返回相同域名的不同 IP 地址。

④由于从 CNAME 获得 IP 地址，并且带有 HOSTNAME 信息，请求到达 Cache 之后，Cache 必须知道源服务器的 IP 地址，所以在 CDN 运营商内部维护一个内部 DNS 服务器，用于解释用户所访问的域名的真实 IP 地址。

⑤在维护内部 DNS 服务器时，还需要维护一台授权服务器，控制哪些域名可以进行缓存，而哪些又不进行缓存，以免发生开放代理的情况。

5．CDN 的技术手段

实现 CDN 的主要技术手段是高速缓存、镜像服务器，可工作于 DNS 解析或 HTTP 重定向两种方式，通过 Cache 服务器或异地的镜像站点完成内容的传送与同步更新。DNS 解析方式下用户位置判断准确率大于 85%，而 HTTP 重定向方式下准确率为 99% 以上。一般情况下，各 Cache 服务器群的用户访问流入数据量与 Cache 服务器到原始网站取内容的数据量之比在 2∶1 到 3∶1 之间，即分担 50% 到 70% 的到原始网站重复访问数据量（主要是图片、流媒体文件等内容）。对于镜像，除数据同步的流量，其余均在本地完成，不访问原始服务器。

镜像站点（Mirror Site）服务器是我们经常可以看到的，它让内容直截了当地进行分布，适用于静态和准动态的数据同步。但是购买和维护新服务器的费用较高，另外还必须在各个地区设置镜像服务器，配备专业技术人员进行管理与维护。大型网站在随时更新各地服务器的同时，对带宽的需求也会显著增加，因此一般的互联网公司不会建立太多的镜像服务器。

高速缓存手段的成本较低，适用于静态内容。Internet 的统计表明，超过 80% 的用户经常访问的是 20% 的网站的内容。在这个规律下，缓存服务器可以处理大部分客户的静态请求，而原始的 WWW 服务器只需处理约 20% 的非缓存请求和动态请求，于是大大加快了客户请求的响应时间，并降低了原始 WWW 服务器的负载。根据美国 IDC 公司的调查，作为 CDN 的一项重要指标——缓存的市场正在以每年近 100% 的速度增长，网络流媒体的发展还将刺激这个市场的需求。

6．CDN 的网络架构

CDN 网络架构主要有两大部分，即中心和边缘。中心是指 CDN 网管中心和 DNS 重定向解析中心，负责全局负载均衡，设备系统安装在管理中心机房；边缘主要是指异地节点，CDN 分发的载体，主要由 Cache 和负载均衡器等组成。

当用户访问加入 CDN 服务的网站时，域名解析请求将最终交给全局负载均衡 DNS 进行处理。全局负载均衡 DNS 通过一组预先定义好的策略，将当时最接近用户的节点地址提供给用户，使用户能够得到快速的服务。同时，它还与分布在世界各地的所有 CDN 节点保持通信，收集各节点的通信状态，确保不将用户的请求分配到不可用的 CDN 节点上，实际上是通过 DNS 做全局负载均衡。

对于普通的 Internet 用户来讲，每个 CDN 节点就相当于一个放置在它周围的 Web。通过全局负载均衡 DNS 的控制，用户的请求被透明地指向离用户最近的节点，节点中 CDN 服务器会像网站的原始服务器一样响应用户的请求。由于它离用户更近，因而响应速度必然更快。

每个 CDN 节点由两部分组成：负载均衡设备和高速缓存服务器。

负载均衡设备负责每个节点中各个 Cache 的负载均衡，保证节点的工作效率；同时，负载均衡设备还负责收集节点与周围环境的信息，保持与全局负载 DNS 的通信，实现整个系统的负载均衡。

高速缓存服务器（Cache）负责存储客户网站的大量信息，就像一个靠近用户的网站服务器一样响应本地用户的访问请求。

CDN 的管理系统是整个系统能够正常运转的保证。它不仅能对系统中的各个子系统和设备进行实时监控，对各种故障产生相应的告警，还可以实时监测到系统中总的流量和各节点的流量，并保存在系统的数据库中，使网管人员能够方便地进行进一步的分析。通过完善的网管系统，用户可以对系统配置进行修改。

理论上，最简单的 CDN 网络有一个负责全局负载均衡的 DNS 和各节点一台 Cache，即可运行。DNS 支持根据用户源 IP 地址解析不同的 IP，实现就近访问。为了保证高可用性等，需要监视各节点的流量、健康状况等。一个节点的单台 Cache 承载数量不够时，才需要多台 Cache，多台 Cache 同时工作才需要负载均衡器，使 Cache 群协同工作。

7.2.2 CDN 的关键技术

CDN 的关键技术主要有内容路由技术、内容分发技术、内容存储技术和内容管理技术等。

1. 内容路由技术

CDN 负载均衡系统实现 CDN 的内容路由功能。它的作用是将用户的请求导向整个 CDN 网络中的最佳节点。最佳节点的选定可以根据多种策略确定，如距离最近、节点负载最轻等。负载均衡系统是整个 CDN 的核心，负载均衡的准确性和效率直接决定了整个 CDN 的效率和性能。

通常负载均衡可以分为两个层次：全局负载均衡（GSLB）和本地负载均衡（SLB）。全局负载均衡（GSLB）主要的目的是在整个网络范围内将用户的请求定向到最近的节点（或者区域）。因此，就近性判断是全局负载均衡的主要功能。本地负载均衡一般局限于一定的区域范围内，其目标是在特定的区域范围内寻找一台最适合的节点提供服务。因此，CDN 节点的健康性、负载情况、支持的媒体格式等运行状态是本地负载均衡进行决策的主要依据。

负载均衡可以通过多种方法实现，主要的方法包括 DNS、应用层重定向、传输层重定向等。

对于全局负载均衡而言，为了执行就近性判断，通常可以采用两种方式：一种方式是静态配置，例如根据静态的 IP 地址配置表进行 IP 地址到 CDN 节点的映射；另一种方式是动态检测，例如实时地让 CDN 节点探测到目标 IP 地址的距离，然后比较探测结果进行负载均衡。当然，静态和动态的方式也可以综合起来使用。

对于本地负载均衡而言，为了执行有效的决策，需要实时地获取 Cache 设备的运行状态。获取的方法一般有两种：一种是主动探测；另一种是协议交互。主动探测针对 SLB 设备和 Cache 设备没有协议交互接口的情况，通过 ping 等命令主动发起探测，根据返回结果分析状态。协议交互是 SLB 和 Cache 根据事先定义好的协议实时交换运行状态信息，以便进行负载均衡。比较而言，协议交互比主动探测方式要更加准确可靠，但是目前尚无标准的协议，各厂家的实现一般仅是私有协议，互通比较困难。

2. 内容分发技术

内容分发包含从内容源到 CDN 边缘的 Cache 的过程。从实现上看，有两种主流的内容分发技术：PUSH 和 PULL。

PUSH 是一种主动分发的技术。通常，PUSH 由内容管理系统发起，将内容从源或者中心媒体资源库分发到各边缘的 Cache 节点。分发的协议可以采用 HTTP/FTP 等。通过 PUSH 分发的内容一般是比较热点的内容，这些内容通过 PUSH 方式预分发（Preload）到边缘 Cache，可以实现有针对的内容提供。对于 PUSH 分发，需要考虑的主要问题是分发策略，即在什么时候分发什么内容。一般来说，内容分发可以由 ICP 或者 CDN 内容管理员人工确定，也可以通过智能的方式决定，即所谓的智能分发。智能分发根据用户访问的统计信息，以及预定义的内容分发的规则，确定内容分发的过程。

PULL 是一种被动的分发技术，PULL 分发通常由用户请求驱动。当用户请求的内容在本地的边缘 Cache 上不存在（未命中）时，Cache 启动 PULL 方法从内容源或者其他 CDN 节点实时获取内容。在 PULL 方式下，内容的分发是按需的。

在实际的 CDN 系统中，一般两种分发方式都支持，但是根据内容的类型和业务模式的不同，在选择主要的内容分发方式时会有所不同。通常，PUSH 的方式适合内容访问比较集中的情况，如热点的影视流媒体内容；PULL 方式比较适合内容访问分散的情况。

在内容分发的过程中，对于 Cache 设备而言，关键的问题是需要建立内容源 URL、内容发布的 URL、用户访问的 URL 以及内容在 Cache 中存储的位置之间的映射关系。

3．内容存储技术

对于 CDN 系统而言，需要考虑两个方面的内容存储问题：一个是内容源的存储，另一个是内容在 Cache 节点中的存储。

对于内容源的存储，由于内容的规模比较大（通常可以达到几个甚至几十个 TB），而且内容的吞吐量较大，因此，通常采用海量存储架构。

Cache 节点中的存储是 Cache 设计的一个关键问题。需要考虑的因素包括功能和性能两个方面：在功能上包括对各种内容格式的支持、对部分缓存的支持；在性能上包括支持的容量、多文件吞吐率、可靠性、稳定性。其中，多种内容格式的支持要求存储系统根据不同文件格式的读写特点进行优化，以提高文件内容读写的效率，特别是对流媒体文件的读写。

部分缓存能力是指流媒体内容可以以不完整的方式存储和读取。部分缓存的需求来自用户访问行为的随机性，因为许多用户并不会完整地收看整个流媒体节目，事实上，许多用户访问单个流媒体节目的时间不超过 10 分钟。因此，部分缓存能力能够大大提高存储空间的利用率，并有效地提高用户请求的响应时间。但是，部分缓存可能导致内容出现碎片问题，需要进行良好的设计和控制。

Cache 存储的另一个重要因素是存储的可靠性。目前，多数存储系统都采用了 RAID（独立冗余磁盘阵列）技术进行可靠存储，但是不同设备使用的 RAID 的方式各有不同。

4．内容管理技术

内容管理在广义上涵盖了内容的发布、注入、分发、调整、传递等一系列过程。在这里，内容管理重点强调内容进入 Cache 后的内容管理，称为本地内容管理。

本地内容管理主要针对一个 CDN 节点（由多个 CDN Cache 设备和一个 SLB 设备构成）进行。本地内容管理的主要目标是提高内容服务的效率，提高本地节点的存储利用率。通过本地内容管理，可以在 CDN 节点实现基于内容感知的调度，通过内容感知的调度，可以避免将用户重定向到没有该内容的 Cache 设备上，从而提高负载均衡的效率。通过本地内容管理还可以有效地实现 CDN 节点内容的存储共享，提高存储空间的利用率。

在实现上，本地内容管理主要包括如下几个方面：

一是本地内容索引。本地内容管理首先依赖于对本地内容的了解，包括每个 Cache 设备上内容的名称、URL、更新时间、内容信息等。本地内容索引是实现基于内容感知的调度的关键。

二是本地内容拷贝。通常，为了提高存储效率，同一个内容在一个 CDN 节点中仅存储一份，即仅存储在某个特定的 Cache 上。但是一旦对该内容的访问超过该 Cache 的服务提供能力，就需要在本地实现内容的分发。这样可以大大提高效率。

三是本地内容访问状态信息收集。收集各个 Cache 设备上各个内容访问的统计信息，包括 Cache 设备的可用服务提供能力及内容变化的情况。

可以看出，通过本地内容管理，可以将内容的管理从原来的 Cache 设备一级提高到 CDN 节点一级，从而大大增加了 CDN 的可扩展性和综合能力。

CDN 作为一种支持大规模高质量的流媒体服务的关键技术，目前已经基本成熟，具备了广泛应用的能力。

7.2.3 阿里云 CDN

1. 概述

阿里云 CDN 是建立并覆盖在承载网之上，由分布在不同区域的边缘节点服务器群组成的分布式网络，替代传统的以 Web Server 为中心的数据传输模式。

阿里云 CDN 将源内容发布到边缘节点，配合精准的调度系统，将用户的请求分配至最适合的节点，使用户以最快的速度取得他所需的内容，有效解决 Internet 网络拥塞状况，提高用户访问的响应速度。

使用阿里云 CDN 加速全过程如图 7.1 所示。

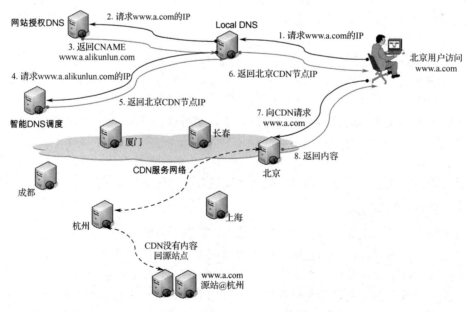

图 7.1　阿里云 CDN 加速全过程

①浏览器向 Local DNS 请求对 www.a.com 的解析。

②Local DNS 将请求发到网站授权 DNS 服务器。

③授权 DNS 返回一个 CNAME（www.a.alikunlun.com）给 Local DNS。

④Local DNS 重新去 CDN 智能调度系统请求 www.a.alikunlun.com 的解析。

⑤CDN 智能调度系统根据用户 Local DNS 所在区域返回给 Local DNS 离用户最近的 CDN 节点 IP 地址。

⑥Local DNS 系统将最终解析到的 IP 地址告诉用户，同时将该解析结果保存在自己的缓存中，直到相应的 TTL（生存周期）过期，继续完成新的动作。

⑦用户在拿到 CDN 节点 IP 地址后，向该地址所指向的节点服务器进行访问。

⑧CDN 节点服务器则向用户源站进行请求，节点服务器拿到访问内容后，发给用户并且将内容缓存起来。

2．相关术语

（1）域名。

域名是 Internet 网络上的一个服务器或一个网络系统的名字，不能重复。

（2）CNAME 记录。

CNAME 是一个别名记录（Canonical Name）。这种记录允许用户将多个名字映射到同一台计算机。

（3）CNAME 域名。

CDN 的域名加速需要用到 CNAME 记录，在阿里云控制台配置完成 CDN 加速后，用户会得到一个加速后的域名，称为 CNAME 域名（该域名一定是*.*kunlun.com），用户需要将自己的域名做 CNAME 别名解析指向这个*.*kunlun.com 域名后，域名解析的工作就正式转向阿里云，该域名所有的请求都将转向阿里云 CDN 的节点。

（4）DNS。

DNS（Domain Name System，域名系统，提供域名解析服务）在互联网中的作用是：把域名转换成网络可以识别的 IP 地址。人们习惯记忆域名，但机器间互相使用 IP 地址，域名与 IP 地址之间是一一对应的，它们之间的转换工作称为域名解析，域名解析需要由专门的域名解析服务器来完成，整个过程是自动进行的。例如，上网时输入的 www.baidu.com，会自动转换成为 IP 地址 220.181.112.143。

（5）边缘节点。

边缘节点也称 CDN 节点、Cache 节点等，是相对于网络的复杂结构而提出的一个概念，是指距离最终用户接入具有较少的中间环节的网络节点，对最终接入用户有较好的响应能力和连接速度。其作用是将访问量较大的网页内容和对象保存在服务器前端的专用 Cache 设备上，以此来提高网站访问的速度和质量。

3．使用场景

（1）网站站点/应用加速。

站点或者应用中若有大量静态资源的加速分发需求，则建议将站点内容进行动、静分离，动态文件可以结合云服务器 ECS，静态资源（如各类型图片、HTML、CSS、JS 文件等）建议结合对象存储 OSS，可以有效提升内容加载速度，轻松搞定网站图片、短视频等内容分发。

（2）视音频点播/大文件下载分发加速。

支持各类文件的下载、分发，支持在线点播加速业务，如 MP4、FLV 视频文件或者单个文件大小在 20MB 以上，主要的业务场景是视音频点播、大文件下载（如安装包下载）等，建议搭配对象存储 OSS 使用，可提升回源速度，节约近 2/3 回源带宽成本。

（3）视频直播加速。

视频流媒体直播服务，支持媒体资产存储、切片转码、访问鉴权、内容分发加速一体化解决方案。结合弹性伸缩服务，及时调整服务器带宽，应对突发访问流量；结合媒体转码服务，享受高速稳定的并行转码，且任务规模无缝扩展。

任务 7.1   使用 CDN 加速网站视频

华为云

任务的实施将基于阿里云和华为云的平台完成，本文以阿里云平台操作描述为主线，华为云平台操作的任务实践，请扫描二维码，浏览电子活页中的操作任务进行学习和实践。

1．任务描述

对于"慕课云"系统中上传的课程视频，通过 CDN 进行加速播放，缩短用户查看视频的延迟加载时间，提高用户访问体验。

2．任务目标

（1）掌握开通阿里云 CDN 服务的方法。

（2）熟练掌握阿里云 CDN 配置过程。

（3）学会使用阿里云 CDN 加速效果验证工具（阿里测）。

（4）了解缓存刷新配置。

3．任务实施

【准备】

（1）拥有一个已经经过备案的阿里云域名。

（2）已经成功部署"慕课云"系统，登录系统后台上传视频文件。

【步骤】

（1）开通 CDN 服务。

开通阿里云 CDN 服务的步骤如下：

①在阿里云官网 CDN 产品详情页快速了解产品，之后单击"立即开通"按钮，如图 7.2 所示。

②在订购页面选择合适的计费方式（包括"按使用流量计费"和"按带宽峰值计费"）和计费项，并阅读 CDN 服务协议，单击"立即开通"按钮，即可开通 CDN 服务。

注意：以下为停止阿里云 CDN 服务的方法。

方法一：进入域名详情页，选择停止。

方法二：在域名列表页，可选择多域名停止。

图 7.2 开通 CDN

（2）加速配置。

为了能使课程视频通过 CDN 进行加速播放，需对源站进行域名加速。加速域名必须在阿里云进行备案。如果源站类型选择域名加速，那么源站的域名也要在阿里云进行备案。

以 OSS 作为源站类型配置加速域名的方法有如下 2 种。

方法一：进入阿里云管理控制台，选择"CDN"→"域名管理"。

①选择 CDN 列表。一个用户可最多添加 20 个域名，如果不再使用老的域名，建议直接删除相应记录。

②在"域名管理"页面单击"添加域名"按钮，然后进入"添加域名"页面，如图 7.3 所示。

图 7.3 "添加域名"页面

a. 输入加速域名（如 imgdemo.chinamoocs.com）。

输入时请注意：

● 输入的域名必须是备案完成的，正在备案的域名无法接入。

● 域名内容需符合 CDN 业务规范，想要了解更多请浏览 CDN 使用手册中有关 CDN 服务使用限制的章节。

● 支持泛域名加速，不支持中文域名加速。

b．选择业务类型（视音频点播加速）。

业务类型包括图片小文件加速、大文件下载加速、视音频点播加速、直播流媒体加速（暂未开放）、移动加速，如表 7.1 所示。

表 7.1　业务类型表

业 务 类 型	说　明
图片小文件加速	若加速内容多为图片及网页文件，推荐使用图片小文件加速
大文件下载加速	若加速内容为大文件（一般来说 20MB 以上的静态文件属于大文件范畴），推荐使用大文件下载加速
视音频点播加速	若大文件为视频文件，加速视频的点播、直播业务，推荐使用视频流媒体加速方式
直播流媒体加速	支持自定义 SSL/TLS 证书，支持带 SNI 信息的 SSL/TLS 握手，用户需上传证书/私钥
移动加速	针对移动应用推出的无线加速产品，提供智能域名解析、无线协议优化、内容动态压缩、运营商级别优化等技术，提升移动应用的网络质量、可用性及用户体验

选择时请注意：

● 目前图片小文件加速、大文件下载加速、视音频点播加速均支持泛域名添加；直播流媒体加速业务和移动加速业务暂不支持泛域名。

● 添加域名前请确保该域名可以正常访问，当用户的源站内容不在 OSS 时，会有人工审核该加速域名的内容信息是否符合 CDN 服务使用限制。

● 若选择业务类型为移动加速，用户则必须配置对应加速域名的证书，包括证书内容和私钥，仅支持 PEM 格式。

c．选择合适的源站类型（OSS 域名），并输入 OSS 域名地址（如 mooccloud.oss-cn-huhehaote.aliyuncs.com）。

源站类型有 IP、源站域名、OSS 域名、直播中心服务器（仅针对直播流媒体业务类型），如表 7.2 所示。

表 7.2　源站类型表

源 站 类 型	说　明
IP	可写多个服务器外网 IP；如果用户的 IP 不归属于阿里云产品，则添加域名需要审核，最长时间需要 1～2 个工作日
源站域名	源站地址不能与加速域名相同，例如加速域名为 test.yourdomain.com，建议将资源的源站设置为 src.yourcompany.com
OSS 域名	输入 OSS Bucket 的外网域名，如 xxx.oss-cn-hangzhou.aliyuncs.com
直播中心服务器	只提供给直播流媒体加速业务类型，默认设置为直播中心服务器 video-center.alivecdn.com，不支持用户自定义直播中心服务器

选择时请注意：

● 源站类型为源站域名时，源站域名不允许和加速域名相同。若用户请求某资源，该 CDN 节点上没有缓存相应的内容，则 CDN 节点会回到源站获取，然后再返回给用户。若加速域名与源站域名一致，会导致请求反复解析到 CDN 节点上，CDN 节点无法回源站拉取内容。因此建议，如果加速域名为 example.aliyun.com，源站域名可以考虑 src.example.aliyun.com，以做出区分。

- 选择 OSS 作为源站，务必使用 OSS 外网访问域名。
- 支持自定义源站回源端口，可选 80 端口或 443 端口。80 端口支持 HTTP 协议回源；443 端口提供加密和安全的 HTTPS 回源，默认选择 80 端口。

③完成域名加速。单击"下一步"按钮，对加速域名进行验证，并完成域名加速的配置，如图 7.4 所示。

图 7.4　完成加速域名配置

加速域名规则如下：
- 加速域名需要通过工信部备案。
- 加速域名不得重复添加。如发现域名被占用的情况，请提工单处理。
- 同一账户下最多添加 20 条加速域名等。

方法二：从 OSS 管理控制台入口设置 CDN 加速 OSS。

①在 OSS 管理控制台页面，选择要加速的 Bucket（如 chinamoocs），如图 7.5 所示。

图 7.5　选中 OSS 里要加速的 Bucket

②单击"绑定用户域名"按钮，设置要加速的域名（如 test.zhituxueyuan.com），开启阿里云 CDN 加速，如图 7.6 所示。

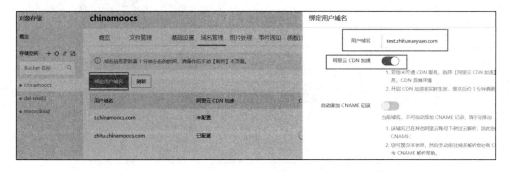

图 7.6　设置加速域名并开启 CDN 加速

③在"添加域名"页面，可以看到需要绑定的 CDN 域名（如 test.zhituxueyuan.com.m. alikunlun.com），如图 7.7 所示。

图 7.7　查看需要绑定的 CDN 域名

（3）配置 CNAME 解析。

添加域名成功后，用户将得到一个 CNAME 域名，在完成配置后，要通过域名 DNS 服务提供商完成 CNAME 配置即域名绑定。

域名绑定通过阿里云控制台当中的云解析，进入云解析 DNS 页面。具体步骤如下：
①单击"域名解析列表"菜单，选中域名 zhituxueyuan.com，如图 7.8 所示。

图 7.8　选中域名

②单击"添加记录"按钮，选择"记录类型"为 CNAME，根据需要填写主机记录（如 test）、解析线路（默认）和记录值（如 test.zhituxueyuan.com.m.alikunlun.com）等，如图 7.9 所示。

图 7.9　添加记录

配置注意事项：
- "记录类型"选为 CNAME。
- "主机记录"处填子域名。如需要添加 test.zhituxueyuan.com 的解析，只需要在主机记录处填写 test 即可。
- "解析线路"默认为必填项，否则会导致部分用户无法解析。
- "记录值"为 CNAME 指向的域名，只可填写域名，如 test.zhituxueyuan.com.m.alikunlun.com。

③单击"确定"按钮，等待解析生效。在云解析 DNS 里会看到新增的一条 CNAME 类型，主机记录为 test，状态为"正常"，如图 7.10 所示。

图 7.10　查看 CNAME 类型的状态

在 CDN 域名管理界面中，会看到 test.zhituxueyuan.com 的状态显示为"正常运行"，如图 7.11 所示。

图 7.11　查看绑定的域名状态

（4）缓存刷新。

要想使用好 CDN，最关键的一点还在于能够有良好的缓存控制。这样，CDN 能够知道缓存哪些对象以及要缓存多长时间。理想的情况是，像图片这类对象基本很少发生变化，若有更新的话，应该更新 URL，并且 HTML 变更指向新的对象。有时候，要进行这些更改并不容易，因为必须在源站进行更新，这就要求短时间地（1 小时或 1 天）缓存这些东西，或者使它们在 CDN 缓存中失效。实现缓存刷新的步骤如下：

在阿里云管理控制台上，选择"CDN"菜单，单击"刷新缓存"选项，进入"刷新缓存"页面进行设置，如图 7.12 所示。

①URL 刷新。

在"慕课云"系统中对一个存在的视频课件进行更新后，则可以将该视频课件进行 URL 刷新。强制回源站读取更新的文件，并更新 CDN Cache 节点上的指定文件。任务在 5～10 分钟之内生效。

配置注意事项：
- 输入的 URL 必须带有"http://"或者"https://"。
- 同一个 ID 每天最多只能预热刷新共 2000 个 URL。

图 7.12 "刷新缓存"页面

②目录刷新。

在"慕课云"系统中对一个目录下的视频课件进行更新后，则可以将该目录进行目录刷新。强制回源站取更新的目录，并更新 CDN Cache 节点上的指定文件目录，适用于内容较多的场景。任务一般会在 30 分钟内生效。

配置注意事项：

● 一天最多提交 100 个刷新请求。

● 所输入内容，需以"http://"或者"https://"开始，以"/"结束。

③URL 预热。

在"慕课云"系统中新上传一个视频课件后，则可以将该视频课程进行 URL 预热。将源站的内容主动预热到 L2 Cache 节点上，用户首次访问可直接命中缓存，缓解源站压力。任务在 5～10 分钟之内生效。

配置注意事项：

● 输入的 URL 必须带有"http://"或"https://"。

● 同一个 ID 每天最多只能预热刷新共 2000 个 URL。

● 资源预热完成时间将取决于用户提交预热文件的数量、文件大小、源站带宽情况、网络状况等诸多因素。

④查询操作记录。

可以按关键字查询所有的操作记录，包含 URL 刷新、目录刷新以及 URL 预热等操作的进度，如图 7.13 所示。

图 7.13 查看操作记录

任务 7.2　删除 CDN 域名

华为云

任务的实施将基于阿里云和华为云的平台完成，本文以阿里云平台操作描述为主线，华为云平台操作的任务实践，请扫描二维码，浏览电子活页中的操作任务进行学习和实践。

1．任务描述

将"慕课云"项目测试过程中创建的 CDN 服务删除。

2．任务目标

掌握 CDN 服务释放的过程。

3．任务实施

【准备】

登录阿里云 CDN 管理控制台。

【步骤】

（1）停止 CDN 服务。

在 CDN 域名列表管理页面，进行如下操作：

①在域名管理页面，单击"停用"按钮，如图 7.14 所示。

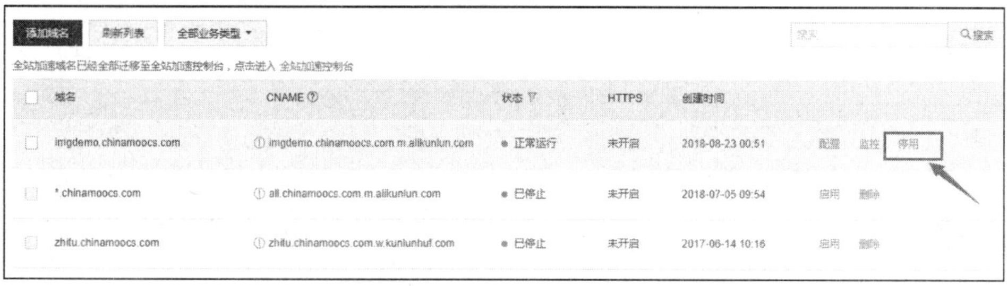

图 7.14　域名管理页面

②在停止确认页面，单击"确定"按钮，停止服务。

（2）删除 CDN 域名。

在 CDN 域名列表页面，进行如下操作：

在服务为"已停止"状态的域名后，单击"删除"按钮，即可完成 CDN 服务的释放操作，如图 7.15 所示。

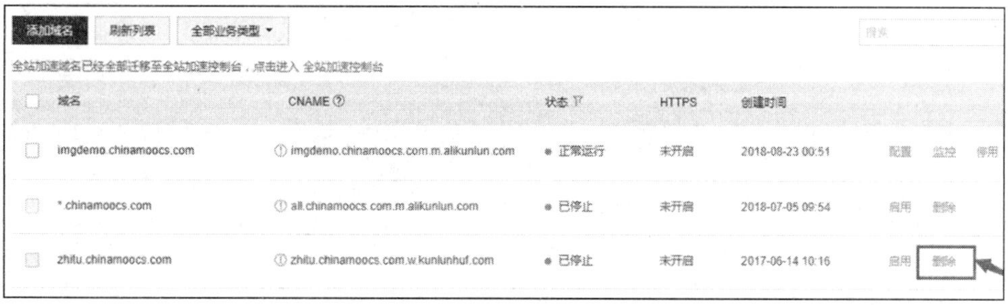

图 7.15　删除 CDN 域名

习题

（1）CDN 的使用场景都有哪些？

（2）什么是边缘节点？

（3）缓存刷新、缓存预热的区别和使用场景是什么？

第8章
弹性架构之弹性伸缩

8.1 场景导入

"慕课云"运营人员通过运营数据的分析发现，每天晚上 20：00 至次日凌晨 00：30，在线学习人数较多，此时系统页面虽然可以访问，但响应时间较长。运维人员确定扩展一台云服务器后可以解决这一问题。但是仅为每天这 2 个多小时的访问高峰扩展一台云服务器或者升级 ECS，显然经济成本略高。因此，运维人员希望在访问高峰期增加一台云服务器，但在访问高峰期之后释放增加的云服务器。这个就需要用到弹性伸缩产品，根据定时任务自动调整计算资源，在解决高峰时访问响应慢的问题的同时，也不会增加太多的运营成本。

8.2 知识点讲解

8.2.1 弹性伸缩概述

弹性伸缩控制技术因其以弹性可伸缩方式提供资源，满足云计算提供商和终端用户的服务级别协议（Service Level Agreement，SAL），提高资源利用率和用户满意度，较好地解决了资源利用率和应用系统之间的矛盾，因而成为云计算的关键技术之一。

云计算的弹性伸缩控制技术，指的是对一个系统适应负载变化进行调控的能力这样一种技术，当系统负载发生变化时（延展变大或收缩变小），自身可以动态适应。

云计算用户在搭建应用系统时，通常是按照负载最高值设计和配置资源的，但日常的负载大多在较低水平上运行。如果按照平均负载水平配置资源，一旦应用达到高峰负载，将无法提供正常服务，不仅直接影响用户体验，系统也会失去可用性。因此，为了适应用户不同需求所导致的系统负载变化，云计算数据中心一定要具备高弹性的可伸缩 IT 基础架构。所谓高弹性的"伸"与"缩"，可以从两个不同的侧面来理解。

关于"伸"的内涵，简言之，就是以更大的规模完成目前的任务。面对用户不断变化的需求，信息服务在上线运行时，或者是需要更多的资源支持满足需求时，发挥弹性功能的"伸"，适量且及时地配给资源，以保证运行服务满足需求。例如，延展某个 Web 应用规模或资源限制范围，让更多的人可以使用它。

关于"缩"的内涵，当信息服务在下限运行时，或者是资源需求量减少的情况下，发挥弹性功能的"缩"，适时、适量地收回资源，以保证各类资源的合理利用，按照"高效""充分"的原则压缩成本。

弹性伸缩的需求是刚性、动态的，信息服务的负载曲线波动很大。这是由于用户在接受云计算服务，即提出任务要求系统满足各类需求时，无论是时间、任务量、复杂程度，还是资源占有量等都是随机的。此外，突发事件会使系统的负载瞬间增加。例如，目前我国正在进行地理国情普查，而对大气污染、地震监测，尤其是对那些动态、不可控自然灾害或自然现象的监测，将会产生海量数据（包括大量的图片、视频等），必然导致相关网站或系统的负载大大超出平时水平。因此，总体上系统负载呈增加趋势。

在云计算中心应用弹性伸缩控制技术，可以根据需求变化，对计算资源自动进行分配和管理。实现高度弹性的伸缩和优化使用，即系统收到指令后及时调整伸缩，分配给信息服务合理适量的资源，按照"细粒度"分配原则，以 CPU、内存、磁盘为单位（而不是以服务器为调整单位）分配资源，并有效预测信息服务负载的变化趋势与范围。

8.2.2　弹性伸缩的模式

弹性伸缩有纵向、横向扩展的基本模式。

在同一个逻辑单元内增加资源，以提高处理能力，即纵向的可伸缩性（Scale Up）。当资源纵向向上扩展时，系统资源的负载必然增加，此时，需要利用弹性伸缩控制技术，动态增加系统配置，包括在现有的服务器上增加 CPU、内存、硬盘、网络带宽等，以满足应用对系统资源的需求；当资源纵向向下扩展时，系统资源负载较低，则利用弹性伸缩控制技术，动态缩小系统配置，如 CPU、内存、硬盘、网络带宽等，以保证系统资源利用合理。

增加多个逻辑单元资源，利用弹性伸缩控制技术，令其如同在一个单元里工作，即横向的可伸缩性（Scale Out）。当资源横向向外扩展，系统资源负载增加时，利用弹性伸缩控制技术，创建更多的虚拟服务器，以分布式形式提供服务，合理分摊原有服务器的负载；当资源横向向内减小，即由多台虚拟服务器组成的集群系统资源负载降低时，则需要利用弹性伸缩控制技术，减少虚拟服务器，以提升剩余服务器和整个资源的利用率。

8.2.3　阿里云弹性伸缩

阿里云弹性伸缩服务（Elastic Scaling Service，ESS）是根据用户的业务需求和策略，自动调整其弹性计算资源的管理服务，能够在业务增长时自动增加 ECS 实例，并在业务下降时自动减少 ECS 实例。

阿里云弹性伸缩是一个开放的弹性伸缩平台。它可以单独扩展和收缩 ECS 实例，既可以搭配 SLB 和 RDS 一起部署，也可以不搭配 SLB 和 RDS 一起部署。弹性伸缩支持通过云监控触发任务扩展和收缩 ECS 实例；也可以通过弹性伸缩的 Open API 对接客户自己的监控系统，客户可以通过自己的监控系统，触发弹性伸缩的伸缩活动。但当前弹性伸缩还不能支持"纵向扩展"，即弹性伸缩暂时无法自动升降 ECS 的 CPU、内存和带宽。

1. 弹性伸缩模式

弹性伸缩模式主要分为以下几类：

（1）定时模式。

配置周期性任务（如每天 13：00），定时地增加或减少 ECS 实例。

（2）动态模式。

基于云监控性能指标（如 CPU 利用率），自动增加或减少 ECS 实例。

（3）固定数量模式。

通过"最小实例数"（MinSize）属性，可以让系统始终保持健康运行的 ECS 实例数量，以保证日常场景实时可用。

（4）自定义模式。

根据用户自有的监控系统，通过 API 手工伸缩 ECS 实例。

①手工执行伸缩规则。

②手工添加或移出既有的 ECS 实例。

③手工调整 MinSize、MaxSize 后，ESS 会自动创建或释放 ECS 实例，尽可能将当前 ECS 实例维持在 MinSize～MaxSize 之间。

（5）健康模式。

如 ECS 实例为非 Running 状态，ESS 将自动移出或释放该不健康的 ECS 实例。

（6）多模式并行。

以上所有模式都可以组合配置，如客户预期每天 13：00～14：00 会出现业务高峰，可以设置定时创建 20 台 ECS 实例的伸缩模式；当客户不确定业务高峰期的实际需求是否会高于客户预期时（如某天实际需要 40 台 ECS 实例），可同时配置动态伸缩模式以应对不可预期的变化。

2．注意事项

使用阿里云弹性伸缩产品的注意事项包括以下几个方面：

（1）弹性伸缩的 ECS 实例中部署的应用必须是无状态、可横向扩展的。

（2）由于 ESS 会自动释放 ECS 实例，所以用于弹性伸缩的 ECS 实例不可保存应用的状态信息（如 Session）和相关数据（如数据库、日志等）。如果应用中需要保存状态信息，可以考虑把状态信息保存到独立的状态服务器、数据库（如阿里云云数据库 RDS）、共享缓存（如开放缓存服务 OCS）及集中日志存储（如简单日志服务 SLS）。

（3）ESS 自动扩展出来的实例暂不支持直接自动添加到 OCS 访问白名单中，需要用户自行添加。

（4）ESS 目前不支持"纵向扩展"，即 ESS 暂时无法自动升降 ECS 的 CPU、内存和带宽。

3．相关术语

（1）伸缩组。

伸缩组是具有相同应用场景的 ECS 实例的集合。伸缩组定义了组内 ECS 实例数的最大值、最小值及其相关联的 SLB 实例和 RDS 实例等属性。

（2）伸缩配置。

伸缩配置定义了用于弹性伸缩的 ECS 实例的配置信息。

（3）伸缩规则。

伸缩规则定义了具体的扩展或收缩操作，例如加入或移出 n 个 ECS 实例。

（4）伸缩活动。

伸缩规则成功触发后，就会产生一条伸缩活动。伸缩活动主要用来描述伸缩组内 ECS 实例的变化情况。

（5）伸缩触发任务。

用于触发伸缩规则的任务，如定时任务、云监控的报警任务。

（6）冷却时间。

冷却时间是指在同一伸缩组内，一个伸缩活动执行完成后的一段锁定时间。在这段锁定时间内，该伸缩组不执行其他的伸缩活动。

备注：

①伸缩组包含伸缩配置、伸缩规则、伸缩活动。

②伸缩配置、伸缩规则、伸缩活动依赖伸缩组的生命周期管理，删除伸缩组的同时会删除与伸缩组相关联的伸缩配置、伸缩规则和伸缩活动。

③伸缩触发任务有定时任务、云监控报警任务等类型。

④定时任务独立于伸缩组存在，不依赖伸缩组的生命周期管理，删除伸缩组不会删除定时任务。

⑤云监控报警任务独立于伸缩组存在，不依赖伸缩组的生命周期管理，删除伸缩组不会删除报警任务。

4．工作原理

（1）使用流程。

创建完整的弹性伸缩方案，需要通过以下步骤来完成，如图8.1所示。

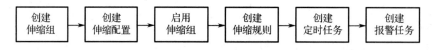

图8.1　创建弹性伸缩方案

①创建伸缩组，配置伸缩资源的最小值、最大值及需要关联的负载均衡实例和RDS实例。

②创建伸缩配置，指定需要弹性伸缩的ECS实例的相关属性，如ImageID、InstanceType等。

③以第②步创建的伸缩配置启用伸缩组。

④创建伸缩规则，如"加 N 台ECS实例"的伸缩规则。

⑤创建定时任务，如创建12：00触发第④步伸缩规则的定时任务。

⑥创建报警任务，如创建CPU大于等于80%则增加一台ECS实例的报警任务。

（2）工作流程。

创建好伸缩组、伸缩配置、伸缩规则、伸缩触发任务后，系统会自动执行以下流程（以增加ECS实例为例）。

①伸缩触发任务会按照各自"触发生效的条件"来触发伸缩活动。

- 云监控任务会实时监控伸缩组内ECS实例的性能，并根据用户配置的报警规则（如伸缩组内所有ECS实例的CPU平均值大于60%）触发执行伸缩规则请求。

- 定时任务会根据用户配置的时间来触发执行伸缩规则请求。

- 可以根据自己的监控系统及相应的报警规则（如在线人数、作业队列）来触发执行伸缩规则请求。

- 健康检查任务会定期检查伸缩组和ECS实例的健康情况，如发现有不健康的ECS实例（如ECS为非Running状态）会触发执行"移出该ECS实例"的请求。

②系统自动通过 ExecuteScalingRule（执行伸缩规则）接口触发伸缩活动，并在该接口中指定需要执行的伸缩规则的阿里云资源唯一标识符（Ari）。如果是用户自定义的任务，则需要用户在自己的程序中调用 ExecuteScalingRule 接口来实现。

③根据步骤②传入的伸缩规则 Ari（Rule Ari）获取伸缩规则、伸缩组、伸缩配置的相关信息，并创建伸缩活动。

- 通过伸缩规则 Ari 查询伸缩规则以及相应的伸缩组信息，计算出需要增加的 ECS 实例数量，并获得需要配置的负载均衡和 RDS 信息。
- 通过伸缩组查询到相应的伸缩配置信息，即获得了需要创建的 ECS 实例的配置信息（CPU、内存、带宽等）。
- 根据需要增加的 ECS 实例数量、ECS 实例配置信息、需要配置的负载均衡实例和 RDS 实例创建伸缩活动。

④在伸缩活动中，自动创建 ECS 实例并配置 SLB 和 RDS。

- 按照实例配置信息创建指定数量的 ECS 实例。
- 将创建好的 ECS 实例的内网 IP 添加到指定的 RDS 实例的访问白名单当中，将创建好的 ECS 实例添加到指定的 SLB 实例中。

⑤伸缩活动完成后，启动伸缩组的冷却功能。待冷却时间完成后，该伸缩组才能接收新的执行伸缩规则请求。

如图 8.2 所示是弹性伸缩的工作流程。

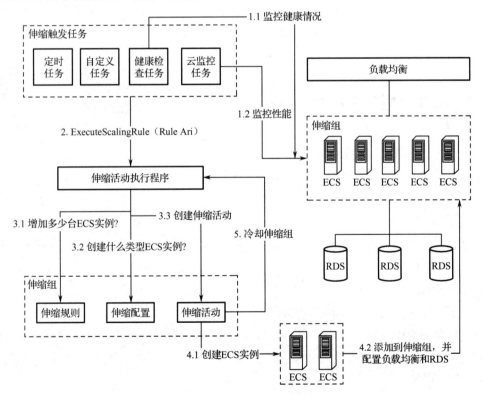

图 8.2 弹性伸缩的工作流程

（3）弹性伸缩规则。

①伸缩规则。

● 在计算和执行过程中，伸缩规则可以根据伸缩组的 MinSize、MaxSize 进行自动调整其需要增加或减少的 ECS 实例数（例如，伸缩规则中指定将伸缩组的 ECS 实例数调整至 50 台，但伸缩组 MaxSize 只有 45 台，则整个伸缩规则会按调整至 45 台来计算和执行）。

②伸缩活动。

● 同一伸缩组内、同一时刻只能有一个伸缩活动在执行。

● 伸缩活动不可中断。例如，某个创建 20 台 ECS 实例的伸缩活动正在执行中，当创建到第 5 台 ECS 实例时，用户无法强行终止该伸缩活动。

● 当伸缩活动有 ECS 实例加入伸缩组失败时，需要保持 ECS 实例级事务的完整性，而非伸缩活动级事务的完整性，即只进行 ECS 实例级回滚，而不是伸缩活动级回滚。例如，当伸缩组创建了 20 台 ECS 实例，但只有 19 台 ECS 实例成功加入负载均衡时，则只对不成功的 1 台 ECS 实例进行自动释放操作。

● 由于弹性伸缩借助于阿里云的 RAM（Resource Access Management）服务，通过 ECS Open API 代替用户弹性伸缩 ECS 实例资源，所以回滚的 ECS 实例仍然会被扣费。

③冷却时间。

● 在冷却时间内，伸缩组只会拒绝云监控报警任务类型的伸缩活动请求，其他类型的触发任务（如用户手工执行伸缩规则、定时任务等）可以绕过冷却时间立即执行伸缩活动。

● 每个伸缩活动的最后一个 ECS 实例加入或移出伸缩组成功后，整个伸缩组冷却时间才开始计时。

任务 8.1　弹性伸缩调整

华为云

腾讯云

任务的实施将基于阿里云、腾讯云和华为云的平台完成，本文以阿里云平台操作描述为主线，华为云和腾讯云平台操作的任务实践，请扫描二维码，浏览电子活页中的操作任务进行学习和实践。

1．任务描述

设置定时任务，对于部署"慕课云"的云服务器 ECS 进行自动的弹性计算资源调整，满足在访问高峰时的资源需要。

2．任务目标

（1）掌握开通阿里云 ESS 服务的方法。

（2）掌握创建伸缩组、伸缩配置、伸缩规则、触发任务、定时任务和报警任务等操作的方法。

3．任务实施

【准备】

（1）开通弹性伸缩服务 ESS。

（2）已经在 SLB+ECS+RDS 架构上部署"慕课云"系统。

【步骤】

（1）进入弹性伸缩管理控制台。

"伸缩组管理列表"页面如图 8.3 所示。

图 8.3 "伸缩组管理列表"页面

（2）创建伸缩组。

在"伸缩组管理列表"页面，单击"创建伸缩组"按钮，进入"创建伸缩组"页面，如图 8.4 所示。

图 8.4 "创建伸缩组"页面

具体操作如下：

①输入伸缩组名称（如 group1）。输入名称为 2～40 个字符，以大小写字母、数字或中文开头，可包含"."，"_"或"-"。

②输入伸缩最大实例数（如 2 台）。

③输入伸缩最小实例数（如 1 台）。

注意：伸缩最大实例数（MaxSize）、伸缩最小实例数（MinSize）定义了伸缩组内 ECS 实例个数的最大值和最小值。

- 当伸缩组的当前 ECS 实例数（Total Capacity）小于 MinSize 时，ESS 会自动添加 ECS 实例，使得伸缩组的当前 ECS 实例数等于 MinSize。
- 当伸缩组的当前 ECS 实例数（Total Capacity）大于 MaxSize 时，ESS 会自动移出 ECS 实例，使得伸缩组的当前 ECS 实例数等于 MaxSize。

④确定默认冷却时间（如 300 秒）。默认冷却时间（DefaultCooldown）是伸缩组的默认冷却时间。

- 一个伸缩活动（添加或移出 ECS 实例）执行完成后的一段冷却时间内，该伸缩组不执行其他的伸缩活动。
- 对于阿里云产品它目前仅针对云监控报警任务触发的伸缩活动有效。

⑤选择移出策略（如最早伸缩配置对应的实例）。移出策略（RemovalPolicy）有三种模式：

- 最早创建的实例；
- 最新创建的实例；
- 最早伸缩配置对应的实例。

移出策略是指当需要从伸缩组移出 ECS 实例并且有多种选择时，则按该策略选择需要移出的 ECS 实例。

⑥选择负载均衡。选择"慕课云"项目使用的负载均衡 SLB。

⑦选择数据库。选择"慕课云"项目使用的云数据库 RDS。

创建伸缩组需要注意以下几点：

①如果在伸缩组中指定了 SLB 实例，伸缩组会自动将加入伸缩组的 ECS 实例添加到指定的 SLB 实例当中。

- 指定的 SLB 实例必须是已启用状态。
- 指定的 SLB 实例所有配置的监听端口必须开启健康检查，否则创建失败。
- 如果 SLB 实例已挂载了专有网络类型的 ECS 实例，则不支持该 SLB 实例加入伸缩组。
- 加入 SLB 的 ECS 实例的权重默认为 50。

②如果在伸缩组中指定了 RDS 实例，伸缩组会自动将加入伸缩组的 ECS 实例的内网 IP 添加到指定的 RDS 实例的访问白名单当中。

- 指定的 RDS 实例必须是运行中状态。
- 指定的 RDS 实例访问白名单的 IP 个数不能达到上限。
- 伸缩组创建成功后，伸缩组不会立即生效，只有启用伸缩组，才能接受伸缩规则的触发和执行相关的伸缩活动。

③伸缩组、SLB 实例和 RDS 实例必须在同一个地域。

④一个用户最多只能创建 20 个伸缩组。

（3）创建伸缩配置。

创建伸缩组成功后，伸缩组必须有生效的伸缩配置才能实现弹性伸缩，可立刻创建伸缩组需要的实例规格，如图 8.5 所示。

图 8.5　创建伸缩配置

图 8.5   创建伸缩配置（续）

创建伸缩组配置如下：

①选择实例系列（如共享型）。

②选择实例规格（如 1 核 2GHz）。有 1 核、2 核和 4 核的规格，可根据实际需要来选择。

③选择公网带宽（如按使用流量）。公网带宽有 2 种收费模式。

● 按固定带宽的方式：需指定带宽的大小，如 10Mbps（单位为 bit），费用合并在包年、包月实例费用中一起支付。

● 按使用流量的方式：是按实际发生的网络流量进行收费。先使用后付费，按小时计量计费。为了防止突然爆发的流量产生较高的费用，可以指定容许的最大网络带宽进行限制。

④选择带宽峰值（如 1Mbps）。

⑤选择镜像类型（如自定义镜像 mooccloud）。镜像有四种类型：

● 公共镜像：由阿里云官方提供公共基础镜像，仅包括初始系统环境。请根据实际情况自助配置应用环境或相关软件配置。

● 自定义镜像：基于用户系统快照生成，包括初始系统环境、应用环境和相关软件配置。选择自定义镜像创建云服务器，可节省重复配置时间。

● 镜像市场：提供经严格审核的百款优质第三方镜像，预装操作系统、应用环境和各类软件，无须配置即可一键部署云服务器，满足建站、应用开发、可视化管理等个性化需求。

● 共享镜像：其他账号主动共享的自定义镜像。阿里云不保证其他账号共享镜像的完整性和安全性，使用共享镜像需要自行承担风险。

⑥选择系统盘（如高效云盘，40GB 容量）。云盘又可以分为普通云盘、高效云盘和 SSD 云盘等类型。

● 普通云盘面向低 I/O 负载的应用场景，为 ECS 实例提供数百 IOPS 的 I/O 性能。

● 高效云盘面向中度 I/O 负载的应用，为 ECS 实例提供最高 3000 随机 IOPS 的 I/O 性能。

● SSD 云盘为 I/O 密集型应用，提供稳定的高随机 IOPS 的 I/O 性能。

⑦输入配置名称（如 config01）。输入名称为 2～40 个字符，以大小写字母、数字或中文开头，可包含 "."、"_" 或 "-"。

（4）创建伸缩规则

伸缩规则在计算和执行过程中，可以根据伸缩组的 MinSize 和 MaxSize 自动调整其需要增加或减少的 ECS 实例数。单击"伸缩规则"菜单，如图 8.6 所示。

图 8.6　"伸缩规则"页面

在"伸缩规则"页面，单击"创建伸缩规则"按钮，打开"创建伸缩规则"页面，如图 8.7 所示。

图 8.7　"创建伸缩规则"页面

①输入规则名称（如 rule01）。

②设置规则（如增加 1 台 ECS）。

③输入冷却时间（如 300 秒）。

（5）创建定时任务。

在"弹性伸缩"列表中选择"定时任务"，打开"定时任务"页面。在"定时任务"页面右上角单击"创建定时任务"按钮，打开"创建定时任务"页面，如图 8.8 所示。

①输入任务名称（如 task1）。输入的任务名称可包含 2～40 个字符，以大小写字母、数字或中文开头，可包含"."、"_"或"-"。

②选择执行时间。任务的执行时间应该是将来的某个时间点。

③选择伸缩规则。伸缩规则包括

● 伸缩组：步骤（2）所创建的伸缩组会显示在该列表框中，如 group1。

● 伸缩规则：步骤（4）所创建的伸缩规则会显示在该列表框中，如 rule01。

④输入重试过期时间（如 600 秒）。

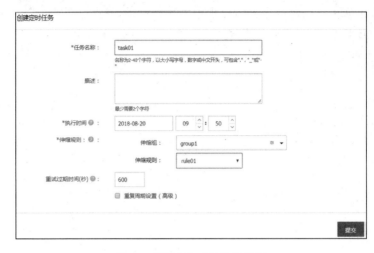

图 8.8 "创建定时任务"页面

（6）验证效果。

调整定时任务的触发时间，进入伸缩组详情页面，单击"ECS 实例列表"菜单，查看是否增加相应数量和相应规格的 ECS，如图 8.9 和图 8.10 所示。

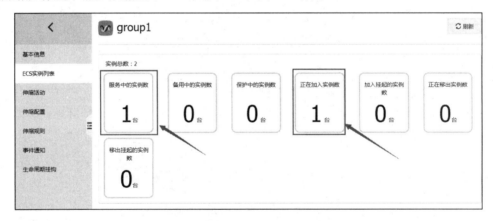

图 8.9 ECS 实例列表（1）

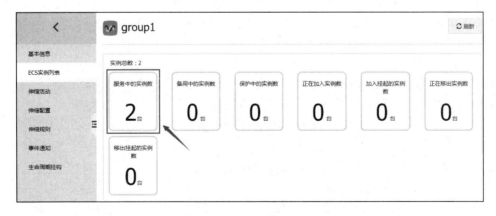

图 8.10 ECS 实例列表（2）

华为云　　腾讯云

任务 8.2　停止和删除弹性服务

任务的实施将基于阿里云、腾讯云和华为云的平台完成，本文以阿里云平台操作描述为主线，华为云和腾讯云平台操作的任务实践，请扫描二维码，浏览电子活页中的操作任务进行学习和实践。

1．任务描述

将"慕课云"项目测试过程中创建的弹性伸缩资源释放掉。

2．任务目标

掌握释放弹性伸缩资源的方法。

3．任务实施

【准备】

登录阿里云弹性管理控制台。

【步骤】

（1）删除伸缩组。

在"伸缩组管理列表"页面，单击相应伸缩组右侧的"删除"按钮，在"删除伸缩组"确认页面中单击"确定"按钮，返回"伸缩组管理列表"页面，可以看到伸缩组的状态为"删除中"，等待系统删除伸缩组，如图 8.11 所示。

图 8.11　等待系统删除伸缩组

（2）删除伸缩组注意事项。

控制台的删除操作为强制删除，强制删除（Force Delete）属性表示如伸缩组存在 ECS 实例或正在进行伸缩活动，是否强制删除伸缩组并移出和释放 ECS 实例。强制删除（Force Delete）只有 Open API 才会看到此属性，同时，控制台删除一个伸缩组时，会默认采用强制删除的模式。

如果 ForceDelete 属性为 False，必须满足以下两个条件才能删除伸缩组：

①伸缩组没有任何伸缩活动正在执行。

②伸缩组当前的 ECS 实例数量（Total Capacity）为 0。

满足以上条件，会先停止伸缩组，最后再删除伸缩组。

如果 ForceDelete 属性为 True，则删除伸缩组的操作如下：

①先停止伸缩组，拒绝接收新的伸缩活动请求。

②然后等待已有的伸缩活动完成。

③最后将伸缩组内所有 ECS 实例移出伸缩组，并删除伸缩组。用户手工添加的 ECS 实例会被移出伸缩组，弹性伸缩自动创建的 ECS 实例会被自动删除。

删除伸缩组，包含删除相关联的伸缩配置、伸缩规则、伸缩活动、伸缩请求的信息。

删除伸缩组，不会删除以下任务或实例：定时任务、云监控报警任务、负载均衡实例、RDS 实例。

习题

（1）弹性伸缩模式有哪几类？

（2）如何保证手工添加的 ECS 实例不被移出伸缩组？

（3）弹性伸缩一定要搭配 SLB、云监控、RDS 才能使用吗？

第**9**章
弹性架构之专有网络

9.1　场景导入

如果学校需要独立部署"慕课云"系统，并且只能在学校内部访问，那么就需要在专有网络下部署该系统。在专有网络中，学校可以完全掌控自己的虚拟网络，包括选择自有 IP 地址范围、划分网段、配置路由表和网关等。此外，也可以通过专线或 VPN 等连接方式将专有网络与校内数据中心组成一个按需定制的网络环境。

9.2　知识点讲解

9.2.1　VPC 概述

在云计算发展早期，业界更关注的是外部的公有云服务，希望通过新的应用模式满足业务需求。但是现实中很少有企业会因为新的架构而抛弃现有的应用，而安全和可靠性问题也是在企业中推广公有云的最大阻力。云计算要在企业应用中实现真正的落地，需要更有实效的方法。首先，将现有的数据中心转化为内部云。同时，与托管和服务提供商合作，共同实现可兼容的外部云。随后，通过在云之间进行连接和统一管理，使内部资源和可利用的外部资源连接起来，帮助企业获得云计算的灵活性，而这一结果实质上就是 VPC（Virtual Private Cloud），即专有网络。

专有网络连接内部云和外部云，为业务提供无缝的、可管理的云计算环境。这一概念类似于目前的虚拟专用网络（VPN）。虚拟专用网络是为适应业务需求，通过连接局域网（LAN）与广域网（WAN）资源，提供跨地域的、高效的网络访问和连接。通过利用内部和外部的公共基础架构，虚拟专用网络提供了极好的成本效益。此外，虚拟专有网络通过无缝地接入网络，控制整个网络的接入和安全。这些概念同样适用于 VPC。内部资源和外部可利用资源的结合，最大限度地提高了成本效益，并且保持了对整体 IT 基础架构的控制。与虚拟专用网络可跨网络服务提供商运行类似，VPC 也可以跨服务提供商运行，从而确保灵活性和选择性。

以亚马逊为首的公有云运营商提出 VPC 的概念。其主要思想是把原有的物理网络作为底层的网络通路，在此之上构建一层虚拟的网络，用来承载用户的业务数据，解决用户之间的隔离问题以及用户业务对底层承载网络的相互影响问题。VPC 的功能需求主要有以下几点：

（1）用户网络隔离。不同用户的 VPC 网络之间相互隔离，以保证用户的安全性。

（2）用户的主机资源在同一个 VPC 内。用户的主机包括虚拟机和物理机资源，这些主机资源在一个 VPC 内，以保证用户资源的互通性。

（3）同一个 VPC 内可划分子网。VPC 内部，用户可以根据自己的使用需要划分不同的子网，并可以对 IP 地址进行自由规划。

（4）为用户提供 Internet 访问功能。用户可以通过地址绑定或者网络地址转换（NAT）方式访问 Internet。

（5）为用户提供 DHCP 服务。支持 DHCP Server 功能，用户主机自动获取 IP 地址。

（6）防火墙服务。提供虚拟或者物理防火墙，用户可以选择是否使用防火墙。

（7）服务质量（QoS）服务。根据用户业务流量优先级进行流量调度处理，对用户主机进行限速。

（8）提供统计服务。对用户主机的网络流量进行统计，提供统计数据以及相关的数据分析功能。

（9）提供网络冗余功能。提供端口冗余、网关冗余、路由冗余、VPN 冗余等高可用性功能。

（10）允许虚拟机迁移。用户虚拟机可以自由迁移，并且迁移后网络策略自动跟随。

（11）提供远程 VPN 接入功能。允许用户的私有网络和 VPC 网络互通，形成统一的网络资源池。

9.2.2 相关术语

1. 虚拟专用网络（VPN）

虚拟专用网络是在公用网络上建立专用网络，进行加密通信，在企业网络中有广泛应用。VPN 网关通过对数据包的加密和数据包目标地址的转换实现远程访问。VPN 有多种分类方式，主要是按协议进行分类。VPN 可通过服务器、硬件、软件等多种方式实现。

2. OSI

OSI（Open System Interconnection，开放系统互连）参考模型是国际标准化组织（ISO）和国际电报电话咨询委员会（CCITT）联合制定的，为开放式互连信息系统提供了一种功能结构的框架。

OSI 参考模型是计算机网络体系结构发展的产物。它的基本内容是开放系统通信功能的分层结构。这个模型把开放系统的通信功能划分为七个层次，从邻接物理媒体的层次开始，分别赋予 1～7 层的顺序编号，相应地称为物理层、数据链路层、网络层、传输层、会话层、表示层和应用层。每一层的功能是独立的，利用其下一层提供的服务并为其上一层提供服务，而与其他层的具体实现无关。这里所谓的"服务"就是下一层向上一层提供的通信功能和层之间的会话规定，一般用通信原语实现。两个开放系统中的同等层之间的通信规则和约定称为协议。通常把 1～4 层协议称为下层协议，5～7 层协议称为上层协议。

（1）物理层。

提供为建立、维护和拆除物理链路所需要的机械的、电气的、功能的和规程的特性；有关的物理链路上传输非结构的位流以及故障检测指示。

（2）数据链路层。

在网络层实体间提供数据发送和接收的功能和过程；提供数据链路的流控。

（3）网络层。

控制分组传送系统的操作、路由选择、用户控制、网络互连等功能，它的作用是将具体的物理传送对高层透明。

（4）传输层。

提供建立、维护和拆除传送连接的功能；选择网络层提供最合适的服务；在系统之间提供可靠的透明的数据传送，提供端到端的错误恢复和流量控制。

（5）会话层。

提供两进程之间建立、维护和结束会话连接的功能；提供交互会话的管理功能（如三种数据流方向的控制，即一路交互、两路交替和两路同时会话模式）。

（6）表示层。

代表应用进程协商数据表示；完成数据转换、格式化和文本压缩。

（7）应用层。

提供 OSI 用户服务，例如事务处理程序、文件传送协议和网络管理等。

3．TCP/IP 协议

TCP/IP 协议（Transmission Control Protocol/Internet Protocol）是 Internet 最基本的协议，也是互联网的基础，由网络层的 IP 协议和传输层的 TCP 协议组成。TCP/IP 定义了电子设备如何接入 Internet，以及数据如何在它们之间传输的标准。TCP/IP 采用了 4 层的层级结构（网络访问层、互联网层、传输层和应用层），每一层都呼叫它的下一层所提供的协议来完成自己的需求。

（1）网络访问层。

它在 TCP/IP 参考模型中并没有详细描述，只是指出主机必须使用某种协议与网络相连。

（2）互联网层。

互联网层是整个体系结构的关键部分，其功能是使主机可以把分组发往任何网络，并使分组独立地传向目标。这些分组可能经由不同的网络，到达的顺序和发送的顺序也可能不同。高层如果需要顺序收发，那么就必须自行处理对分组的排序。互联网层使用 IP 协议。TCP/IP 参考模型的互联网层和 OSI 参考模型的网络层在功能上非常相似。

（3）传输层。

传输层使源端和目的端机器上的对等实体可以进行会话。这一层定义了两个端到端的协议：TCP 协议（Transmission Control Protocol，传输控制协议）和 UDP 协议（User Datagram Protocol，用户数据报协议）。TCP 是面向连接的协议，它提供可靠的报文传输和对上层应用的连接服务。为此，除了基本的数据传输外，它还有可靠性保证、流量控制、多路复用、优先权和安全性控制等功能。UDP 是面向无连接的不可靠传输的协议，主要用于不需要 TCP 的排序和流量控制等功能的应用程序。

（4）应用层。

应用层包含所有的高层协议，包括 TELNET（TELecommunications NETwork，虚拟终端协议）、FTP（File Transfer Protocol，文件传输协议）、SMTP（Simple Mail Transfer Protocol，简单邮件传输协议）、DNS（Domain Name System，域名系统）、NNTP（Net News Transfer Protocol，网络新闻传输协议）和 HTTP（HyperText Transfer Protocol，超文本传输协议）等。TELNET 允许一台机器上的用户登录到远程机器上，并进行工作；FTP 提供有效地将文件从

一台机器上移到另一台机器上的方法；SMTP 用于电子邮件的收发；DNS 用于将主机名映射到网络地址；NNTP 用于新闻的发布、检索和获取；HTTP 用于在互联网上获取主页。

4．VLAN

VLAN（Virtual Local Area Network，虚拟局域网）是一组逻辑上的设备和用户，这些设备和用户并不受物理位置的限制，可以根据功能、部门及应用等因素将它们组织起来，相互之间的通信就好像它们在同一个网段中一样。VLAN 是一种比较新的技术，工作在 OSI 参考模型的第二层和第三层。一个 VLAN 就是一个广播域，VLAN 之间的通信是通过第三层的路由器来完成的。与传统的局域网技术相比，VLAN 技术更加灵活，它具有以下优点：网络设备的移动、添加和修改的管理开销减少，可以控制广播活动，可提高网络的安全性。

在计算机网络中，一个二层网络可以被划分为多个不同的广播域，一个广播域对应了一个特定的用户组，默认情况下这些不同的广播域是相互隔离的。不同的广播域之间想要通信，需要通过一个或多个路由器。这样的一个广播域就称为 VLAN。

9.2.3 阿里云 VPC

1．阿里云 VPC 组成结构

阿里云 VPC 帮助用户基于阿里云构建出一个隔离的网络环境。用户完全掌控自己的虚拟网络，包括选择自有 IP 地址范围、划分网段、配置路由表和网关等。用户可以根据实际网络需求，确定资源部署所需的网络规模、网段规划以及资源部署的地域与可用区等，并按照相应的规划在目标地域和可用区创建指定网段的专有网络与交换机，然后通过在创建云产品实例时指定某个已创建的交换机把资源部署在相应的网络位置，并通过 ECS 安全组、RDS 访问白名单等方式进行访问控制，如图 9.1 所示。

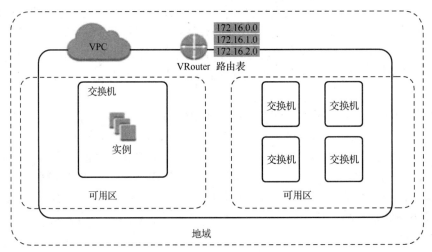

图 9.1　阿里云 VPC 组成结构图

经典网络与专有网络的区别：

经典网络类型的云产品，统一部署在阿里云的公共基础网络内，网络的规划和管理由阿里云负责，更适合对网络易用性要求比较高的用户。

专有网络是指用户在阿里云的基础网络内建立一个可以自定义的专有隔离网络，用户可以自定义这个专有网络的网络拓扑和 IP 地址。与经典网络相比，专有网络比较适合有网络管理能力和需求的用户。

开通阿里云专有网络的流程图如图 9.2 所示。

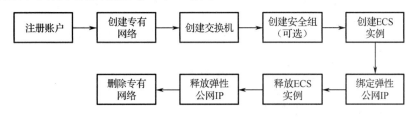

图 9.2　开通阿里云 VPC 的流程图

2. 基础架构

随着云计算的不断发展，对虚拟化网络的要求越来越高，包括弹性（Scalability）、安全性（Security）、可靠性（Reliability）和私密性（Privacy），并且还有极高的互联性能（Performance），因此催生了多种多样的网络虚拟化技术。

比较早的解决方案是将虚拟机的网络和物理网络融合在一起，形成一个扁平的网络架构，例如大二层网络。随着虚拟化网络规模的扩大，这种方案中的 ARP 欺骗、广播风暴、主机扫描等问题会越来越严重。为了解决这些问题，出现了各种网络隔离技术，把物理网络和虚拟网络彻底隔开。其中一种技术是用户之间用 VLAN 进行隔离，但是 VLAN 的数量最大只能支持到 4096 个，无法支撑公有云的巨大用户量。

（1）原理描述。

基于目前主流的隧道技术，每个 VPC 都有一个独立的隧道号，一个隧道号对应着一个虚拟化网络。一个 VPC 内的 ECS 实例之间的传输数据包都会加上隧道封装，带有唯一的隧道 ID 标识，然后送到物理网络上进行传输。不同 VPC 内的 ECS 实例因为所在的隧道 ID 不同，本身处于两个不同的路由平面，从而使得两个不同隧道无法进行通信，天然地进行了隔离。

基于隧道技术，阿里云的研发团队自主研发了交换机、软件定义网络（Software Defined Network，SDN）技术和网关，在此基础上实现了 VPC 产品。

（2）逻辑架构。

如图 9.3 所示，VPC 架构里面包含交换机、网关和控制器三个重要的组件。

①交换机和网关组成了数据通路的关键路径，控制器使用自研的协议下发转发表到网关和交换机，完成了配置通路的关键路径。整体架构里面，配置通路和数据通路互相分离。

②交换机是分布式的节点，网关和控制器都是集群部署并且是多机房互备的，而且所有链路上都有冗余容灾，提升了 VPC 产品的整体可用性。

③交换机和网关性能在业界都是领先的，自主研发的 SDN 协议和控制器能轻松管控公有云成千上万张虚拟网络。

在产品上，除了给用户一张独立的虚拟化网络，阿里云还为每个 VPC 提供了独立的路由器、交换机组件，让用户可以更加丰富地进行组网。针对有内网安全需求的用户，还可以使用安全组技术在一个 VPC 内进行更加细粒度的访问控制和隔离。默认情况下，VPC 内的 ECS 只能和本 VPC 内的其他 ECS 通信，或者和 VPC 内的其他云服务之间进行通信。用户可以使用阿里云提供的 VPC 相关的企业信息门户（EIP）功能、高速通道功能，使得

VPC 可以和 Internet、其他 VPC、用户自有的网络（如用户办公网络、用户数据中心）之间进行通信。

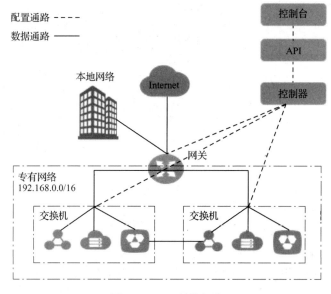

图 9.3　VPC 整体架构

3．名词解释

（1）路由器。

路由器是 VPC 网络的枢纽，它可以连接 VPC 内的各个交换机，同时也是连接 VPC 与其他网络的网关设备。它会根据具体的路由条目的设置来转发网络流量。

产品约束：

①每个 VPC 有且只有一个路由器。

②路由器不支持 BGP（边界网关协议）和 OSPF（开放式最短路径优先）等动态路由协议。

路由器管理：

①创建 VPC 时，系统会自动为每个 VPC 创建一个路由器。

②删除 VPC 时，也会自动删除对应的路由器。

③不支持直接创建和删除路由器。

（2）交换机。

交换机是组成 VPC 网络的基础网络设备，它可以连接不同的云产品实例。在 VPC 网络内创建云产品实例时，必须指定云产品实例所在的交换机。

产品约束：

①具体的产品约束，请参见阿里云官方网站。

②VPC 的交换机是一个 3 层交换机，不支持 2 层广播和组播。

交换机管理：

①只有当 VPC 的状态为 Available 时，才能创建新的交换机。

②交换机不支持并行创建，一个交换机创建成功之后，才能够创建下一个。

③交换机创建完成之后，无法修改 CIDRBlock。

④删除交换机之前，必须先删除目标交换机所连接的云产品实例。

交换机网段：

①创建交换机时，需要指定一个 CIDRBlock。

②新建交换机所使用的 CIDRBlock 必须从属于交换机所在的 VPC 的 CIDRBlock。

③新建交换机所使用的 CIDRBlock 不能与已经存在的交换机的 CIDRBlock 冲突。

④新建交换机所使用的 CIDRBlock 不能包含已经存在的自定义路由的目标网段。

（3）路由表。

路由表是指路由器上管理路由条目的列表。

产品约束：

①每个路由器有且只有一个路由表。

②路由表的路由条目会影响 VPC 中的所有云产品实例。目前不支持指定交换机和云产品实例的源地址策略路由。

路由表管理：

①新建 VPC 时，系统会自动创建一个路由表。

②删除 VPC 时，系统会自动删除对应的路由表。

③不支持直接创建和删除路由表。

（4）路由条目。

路由表中的每一项称为一条路由条目，路由条目定义了通向指定目标网段的网络流量的下一跳地址，路由条目包括系统路由和自定义路由两种类型。路由器只支持静态路由，不支持 ECMP（等价路由）。

路由条目管理：

①创建 VPC 时，会自动创建一条系统路由，用于 VPC 内的云产品实例访问 VPC 外的云服务。

②创建交换机，系统也会创建一条对应的系统路由。

③用户可以创建和删除自定义路由条目。

④系统路由条目由系统自动管理，用户无法创建和删除。

4．使用场景

VPC 可以构建出一个隔离的网络环境。在这个网络中，用户可以完全掌控自己的虚拟网络，包括选择自有 IP 地址范围、划分网段、配置路由表和网关等。此外，用户也可以通过专线或 VPN 等连接方式将 VPC 与传统数据中心组成一个按需定制的网络环境，实现应用的平滑迁移上云。

场景一：托管应用程序。

用户可以将对外提供服务的应用程序托管在 VPC 中，并且可以通过创建安全组规则、访问控制白名单等方式控制 Internet 访问。用户也可以在应用程序服务器和数据库之间进行访问控制隔离，将 Web 服务器部署在能够进行公网访问的子网中，将应用程序的数据库部署在没有配置公网访问的子网中，如图 9.4 所示。

场景二：托管主动访问公网的应用程序。

用户可以将需要主动访问公网的应用程序托管在 VPC 中的一个子网内，通过网络地址转换（NAT）网关路由其流量。通过配置 SNAT 规则，子网中的实例无须暴露其私网 IP 地址即可访问 Internet，并可随时进行公网 IP 替换，避免被外界攻击，如图 9.5 所示。

场景三：跨可用区容灾。

用户可以通过创建交换机为专有网络划分一个或多个子网。同一专有网络内不同交换机之间内网互通。用户可以通过将资源部署在不同可用区的交换机中，实现跨可用区容灾，如图 9.6 所示。

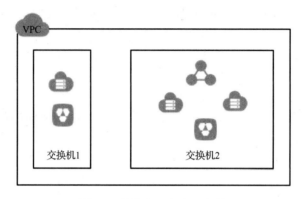

图 9.4　托管应用程序示意图

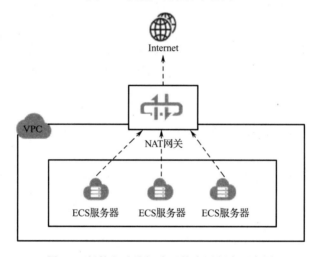

图 9.5　托管主动访问公网的应用程序示意图

图 9.6　跨可用区容灾示意图

场景四：业务系统隔离。

不同的 VPC 之间逻辑隔离。如果用户有多个业务系统如生产环境和测试环境要严格进行隔离，那么可以使用多个 VPC 进行业务隔离。当有互相通信的需求时，可以在两个 VPC 之间建立对等连接，如图 9.7 所示。

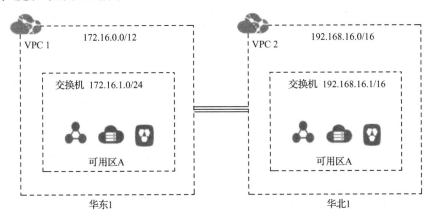

图 9.7　业务系统隔离示意图

场景五：构建混合云。

VPC 提供专用网络连接，可以将本地数据中心和 VPC 连接起来，扩展本地网络架构。通过该方式，用户可以将本地应用程序无缝地迁移至云上，并且不必更改应用程序的访问方式，如图 9.8 所示。

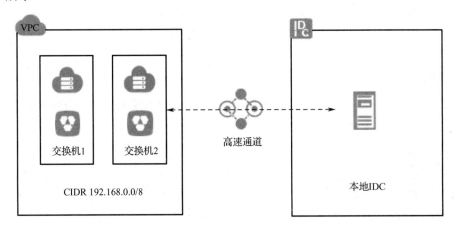

图 9.8　构建混合云示意图

场景六：多个应用流量波动大。

如果用户的应用带宽波动很大，用户可以通过 NAT 网关配置 DNAT 转发规则，然后将 EIP 添加到共享带宽中，实现多 IP 共享带宽，减轻波峰波谷效应，从而降低用户的成本，如图 9.9 所示。

5．弹性公网 IP

弹性公网 IP（Elastic IP，EIP）是可以独立申请的公网 IP 地址，只能绑定在同一地域内专有网络类型的 ECS 实例上，支持动态绑定和解绑。弹性公网 IP 配置在 Internet 网关设备上，通过 NAT 方式映射到 ECS 私网网卡，所以在 ECS 的私网网卡上无法查看。当前，阿里云 1 个弹性公网 IP 只能绑定到 1 个 ECS 实例，1 个 ECS 实例只能绑定 1 个公网 IP。每个账户最多拥有 20 个弹性公网 IP，如果需要更多，可以提出工单申请。

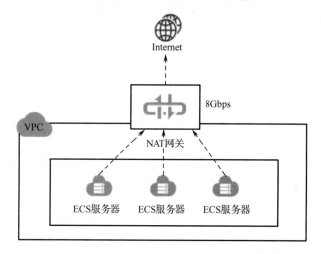

图 9.9　多个应用流量波动大示意图

华为云　　腾讯云

任务 9.1　创建和使用 VPC

任务的实施将基于阿里云、腾讯云和华为云的平台完成，本文以阿里云平台操作描述为主线，华为云和腾讯云平台操作的任务实践，请扫描二维码，浏览电子活页中的操作任务进行学习和实践。

1．任务描述

在 VPC 环境下，划分多个子网，通过绑定弹性公网 IP 或者使用负载均衡来访问云服务器 ECS 上部署的"慕课云"系统。

2．任务目标

（1）掌握在阿里云上搭建和使用 VPC 的方法。

（2）掌握弹性公网 IP（EIP）绑定 VPC 中的 ECS 的方法。

（3）掌握负载均衡（SLB）访问 VPC 中的 ECS 的方法。

3．任务实施

【准备】

创建部署"慕课云"系统的自定义镜像。

【步骤】

（1）开通 VPC 服务。

进入 VPC 开通页面，单击"立即开通"按钮，完成开通 VPC 服务的操作。如果已经开通则直接开始步骤（2）。

（2）进入专有网络管理控制台。

进入 VPC 管理控制台后，单击左侧的"专有网络"菜单，进入 VPC "专有网络"页面，如图 9.10 所示。具体操作如下：

①在页面上方的"地域"中选择"华北 5（呼和浩特）"。

②单击"创建专有网络"按钮，从而创建一个华北 5（呼和浩特）地域的 VPC。

图 9.10 "专有网络"页面

注意：由于阿里云的 ECS 镜像目前是不支持跨地域使用的，所以后续使用的 ECS 镜像也一定是华北 5（呼和浩特）地域的。

（3）创建 VPC 和子网 1。

在弹出的"创建专有网络"页面中进行设置，如图 9.11 所示。

图 9.11 "创建专有网络"页面

①输入专有网络名称（如 **vpc01**）。输入的名称包含 2～128 个字符，以大小写英文字母或中文开头，可包含数字、"_"或"-"。

②选择目标网段地址（如 192.168.0.0/16）。目前 VPC 支持三个网段：192.168.0.0/16、172.16.0.0/12 和 10.0.0.0/8。并且当 VPC 创建后，对应的网段将不能修改。所以在实际的使用过程中，建议使用比较大的地址范围来创建 VPC，或者根据实际的业务需求选择，这里使用的目标网段是 192.168.0.0/16。

③输入交换机名称（如 VSwitch 001）。输入的名称包含 2～128 个字符，以大小写英文字母或中文开头，可包含数字、"_"或"-"，如图 9.12 所示。

图 9.12 "交换机"页面

④选择专有网络和专有网络网段。交换机是组成 VPC 网络的基础网络设备，它可以连接不同的云产品实例。在 VPC 网络内创建云产品实例时，必须指定云产品实例所在的交换机。目前，一个 VPC 中最多可以创建 24 个交换机。

每个交换机对应一个网段，本实验将会创建两个子网：子网 1 和子网 2，分别对应一个交换机。在配置每个交换机时，需要配置名称、可用区和目标网段。本任务中的交换机名称分别命名为"子网 1"和"子网 2"，实际工作中可以根据网络的具体用途来定义，如开发、测试等；可用区选择同一个地域，实际工作中基于可用性的考虑，可以将子网部署在不同的可用区中；由于创建的 VPC 使用的目标网段是 192.168.0.0/16，因此创建的子网的目标网段分别为 192.168.1.0/24 和 192.168.2.0/24。如果创建的是其他网段的 VPC，请根据 VPC 的网段去分配子网段。

⑤选择可用区，如华北 5（呼和浩特）可用区 D。可用区选择后不能修改。

⑥选择网段（如 192.168.0.0/24）。网段创建后无法修改，同时必须等于或属于该专有网络的网段，网段掩码必须在 16～29 之间，如 192.168.1.0/24。

VPC 和子网 1 创建成功后，单击"完成"按钮，如图 9.13 所示。

（4）创建 VPC 的子网 2。

在"专有网络"页面中，可单击某实例右侧的"管理"命令，进入 VPC 管理页面，选择列表中的交换机，单击"创建交换机"按钮，如图 9.14 所示。

进入"创建交换机"页面，创建子网 2，如图 9.15 所示。

图 9.13　"创建专有网络"页面

图 9.14　VPC 管理页面

图 9.15　"创建交换机"页面

（5）在子网中创建 ECS。

在专有网络 VPC 中搭建好子网后，开始分别在子网 1 和子网 2 中创建 ECS 实例。可创建的实例包括三种类型：ECS（云服务器）实例、RDS（云数据库）实例和 SLB（负载均衡）实例。选择下拉列表中的"ECS 实例"菜单，如图 9.16 所示。

图 9.16　可创建的实例类型

使用 mooccloud 的自定义镜像创建 ECS，在创建的网络和安全组设置中，系统会根据子网 1 的配置自动选择"地域""可用区""网络类型"。

如果没有自动配置，则"地域"和"可用区"根据子网 1 的配置来选择；"网络类型"选择"专有网络"，并在下方选择对应的 VPC 和子网，如图 9.17 所示。

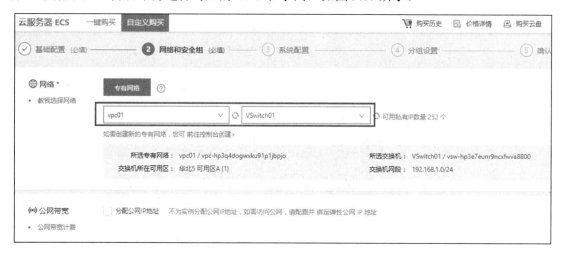

图 9.17　ECS 自定义购买页面

ECS 实例创建完成后，可在 ECS 控制台的"实例列表"页面查看已创建的两个 ECS 实例，并且只有内网的 IP 地址，如图 9.18 所示。

（6）创建外网访问 EIP。

专有网络默认不提供公网访问 IP，为了实现对外服务，可通过购买弹性公网 IP（EIP）并将其绑定到需要对外提供服务的 ECS 实例上。

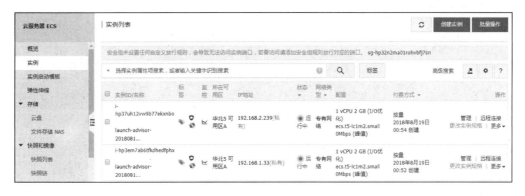

图 9.18　ECS 实例详情页面

弹性公网 IP（Elastic IP Address，EIP）是可以独立购买和持有的公网 IP 地址资源，能动态绑定到不同的 ECS 实例上，绑定和解绑时无须停机。因此，可以通过给 VPC 内部的 ECS 实例绑定一个 EIP 来实现其被外部访问的需求。

注意：弹性公网 IP 是一种 NAT IP。它实际位于阿里云的公网网关上，通过 NAT 方式映射到被绑定 ECS 实例的私网网卡上。因此，绑定了弹性公网 IP 的 ECS 实例的网卡上并不能看到这个 IP 地址。

创建外网访问 EIP 的具体步骤如下：

①进入弹性公网 IP 页面。

在阿里云管理控制台中，单击右上角的"管理控制台"命令，然后在页面中找到"产品与服务"→"弹性公网 IP"，并单击进入"弹性公网 IP"页面。

②单击"申请弹性公网 IP"，进入弹性公网 IP 开通页面，如图 9.19 所示。

图 9.19　"弹性公网 IP"页面

③弹性公网 IP 配置，如图 9.20 所示。

● 选择地域，如华北 5（呼和浩特）。

注意：不同地域之间的产品内网不通，订购后不能更换地域。

● 选择带宽峰值（如 5Mbps）。

选择按使用流量计费，支持随时调整带宽峰值。计费周期为小时，根据每小时实际使用流量计费。

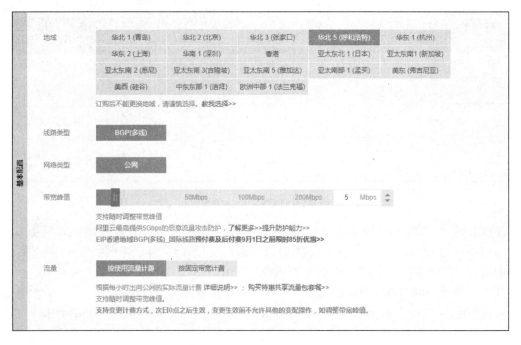

图 9.20　弹性公网 IP 配置页面

选择按固定带宽计费，支持随时调整带宽。计费周期为天，根据当天购买最大带宽的价格×实际使用小时数计费（不足 1 小时按照 1 小时计费）。

● 选择流量计费方式（如按使用流量计费）。

类型可分为按使用流量计费和按固定带宽计费，一旦购买，公网带宽类型不能变更。

● 选择购买数量（如 1 台）。

最多可开通 20 个弹性公网 IP。

● 单击"立即购买"按钮，完成开通弹性公网 IP。

弹性公网 IP 开通成功后，在浏览器中切换页面回到 EIP 的管理页面，单击"刷新"按钮，将会看到新创建的 EIP 实例，如图 9.21 所示。

图 9.21　弹性公网 IP 管理页面

该实例需绑定在具体的 ECS 实例上才能应用，具体过程如下：

①单击 EIP 实例右侧的"绑定"按钮，在弹出的"绑定弹性公网 IP"页面中进行弹性公网 IP 设置，如图 9.22 所示。

图 9.22 "绑定弹性公网 IP"页面

- 输入公网 IP 地址（如 39.1.4.186.95）。
- 选择实例类型（如 ECS 实例）。
- 选择 ECS 实例。选择已经创建的 ECS 实例。

注意：只有处于运行中和已停止状态的云服务器实例可以绑定弹性公网 IP。

②完成绑定。

单击"确定"按钮。在弹性公网 IP 管理页面中，可以看到当前的 EIP 实例可以绑定到 VPC 中已创建的 ECS 实例，如图 9.23 所示。

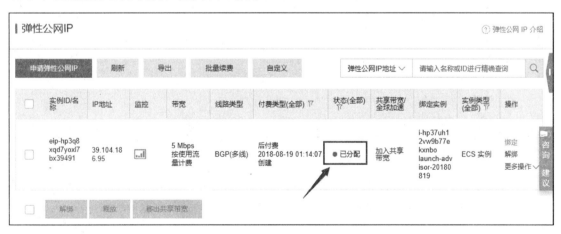

图 9.23 弹性公网 IP 管理页面

③配置 ECS 安全组。

EIP 绑定成功后，需要设置 ECS 所在安全组配置，增加允许 HTTP 80 端口访问的规则，如图 9.24 和图 9.25 所示。

图 9.24　ECS 安全组规则配置

图 9.25　"添加安全组规则"页面

安全组设置完成之后，通过 EIP 就可以访问子网 1 中 ECS 实例上部署的应用。在浏览器中输入 EIP 的地址并回车，将可以看到子网 1 中 ECS 实例上部署的 Web 应用页面，如图 9.26 所示。

由于 EIP 能动态绑定到不同的实例上，并且绑定和解绑时无须停机，此处通过将子网 1 中的 ECS 上的 EIP 解绑，再和子网 2 中的 ECS 实例绑定，来达到子网 2 对外提供服务的目的。实际应用中，也可以购买两个 EIP 分别绑定到子网 1 和子网 2。在弹性公网 IP 的管理页面中，单击 EIP 实例右侧的"解绑"命令，如图 9.27 所示，在弹出的页面中单击"确定"按钮，然后重新绑定另一个 ECS 即可。

图 9.26　子网 1 中 ECS 实例上部署的 Web 应用页面

图 9.27　EIP 管理页面

在浏览器中输入 EIP 并回车，将会看到子网 2 中 ECS 实例上部署的 Web 应用页面。

（7）创建外网访问使用 SLB。

VPC 中的 ECS 实例加载到具有公网 IP 的负载均衡 SLB 后端后，用户的请求通过公网 IP 发送给负载均衡 SLB，然后 SLB 会将请求转发到后端的 ECS 实例，从而实现用户访问 VPC 中 ECS 实例上部署的应用。

在 VPC 下创建负载均衡 SLB 同在经典网络下创建 SLB 类似，这里可以参见第 5 章中 SLB 的创建和配置过程，同样在创建配置完成后，通过 SLB 外网地址访问此任务的两台 ECS 实例 中的前端页面，将展示不同的 Server IP。

任务 9.2　删除 VPC

华为云　　　　腾讯云

任务的实施将基于阿里云、腾讯云和华为云的平台完成，本文以阿里云平台操作描述为 主线，华为云和腾讯云平台操作的任务实践，请扫描二维码，浏览电子活页中的操作任务进 行学习和实践。

1. 任务描述

将"慕课云"项目测试过程中创建的 VPC 资源释放掉。

2. 任务目标

掌握 VPC 资源的释放过程。

3．任务实施

【准备】

登录阿里云 VPC 管理控制台。

【步骤】

（1）释放 ECS 资源。

进入 ECS "实例列表"页面，选择要释放的 ECS 实例，单击"释放设置"按钮，如图 9.28 所示。

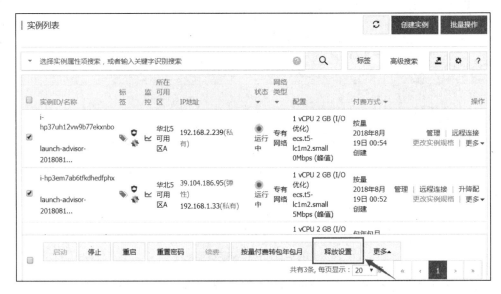

图 9.28 "实例列表"页面

在弹出的对话框中选择立即释放，将该 ECS 资源释放掉。

（2）删除安全组。

在 ECS "安全组列表"页面中，选中该专有网络下的安全组，然后单击"删除"按钮，如图 9.29 所示。

图 9.29 "安全组列表"页面

在弹出的"删除安全组确认"页面，单击"确定"按钮，完成删除操作。

（3）删除交换机。

进入"交换机"页面，删除当前专有网络下的所有交换机，如图 9.30 所示。

图 9.30　"交换机"页面

在弹出的"删除交换机"确认页面，单击"确定"按钮，完成删除操作。

（4）删除专有网络。

在"专有网络"页面，单击需要删除的专有网络右侧的"删除"命令，如图 9.31 所示。

图 9.31　"专用网络"页面

在弹出的"删除专有网络"页面，单击"确定"按钮，完成删除操作。

习题

（1）阿里云 VPC 下不同虚拟交换机的 ECS 云服务器能与私网互通吗？

（2）专有网络与安全组有什么区别？

第 **10** 章

安全架构之云安全

10.1 场景导入

无论是在传统的服务器时代还是在云计算时代，安全依然是不可忽视的问题，不仅涉及微观的技术层面，还需要宏观的政策法规以及管理制度方面的完善，这是一个系统化的工程。云安全大概分为以下 4 个层次：

第一是网络层面，利用网络存在的漏洞和安全缺陷，对网络系统的硬件、软件及其系统中的数据进行攻击，主要是 DDoS（Distributed Denial of Service，分布式拒绝服务）攻击防御，DDoS 攻击危害最大而且非常普遍。

第二是主机层面，最小单元是服务器，甚至是一个应用的集群。主机入侵危害非常大，一方面可能导致单台服务器无法使用；另一方面，可能使这台服务器沦为傀儡机，被黑客用作源服务器攻击其他服务器。

第三是应用层面，一般包括 Web 服务器上面的应用插件，如 Apache，iOS 上面的一些中间件，或者是通过用户开发的应用系统的一些漏洞进行攻击。

第四是数据库层面，数据库是数据的大本营。首先，通过主辅备份来保证可用性；其次，使用防火墙和代理模式来保证数据库每个执行动作都有审计，并且通过大数据分析给客户报警或者直接进行一些拦截，尽最大可能保障客户应用安全和可靠。

10.2 知识点讲解

10.2.1 云安全概述

2005 年，国际软件业巨头 Amazon 宣布搭建 Amazon Web Service 云计算平台，标志着云计算进入实践阶段。近几年各种类型的云计算和云服务平台越来越多地出现在人们的视野中，比如邮件、搜索、地图、在线交易、社交网站等。由于它们本身所具备的便利性、可扩充性等各种优点，云计算和云服务正在越来越广泛地被人们所采用。

但与此同时，这些"云"也开始成为黑客或各种恶意组织和个人为某种利益而攻击的目标。比如利用大规模僵尸网络进行的分布式拒绝服务（DDoS）攻击，利用操作系统或者应用服务协议漏洞进行的漏洞攻击，或者针对存放在"云"中的用户隐私信息的恶意攻击、窃取、非法利用等，手段繁多。除此以外，组成"云"的各种系统和应用依然要面对在传统的单机或者内网环境中所面临的各种病毒、木马和其他恶意软件的威胁。

为了有效地保护构成云的各种应用、平台和环境以及用户存放在云端的各种敏感和隐私数据不受感染、攻击、窃取和非法利用等各种威胁的侵害，云安全成了人们关注的焦点。

"云安全"紧随云计算之后出现，它是网络时代信息安全的最新体现，融合了并行处理、网格计算、未知病毒行为判断等新兴技术和概念，通过网状的大量客户端对网络中软件行为的异常监测，获取互联网中木马、恶意程序的最新信息，并发送到服务器端进行自动分析和处理，再把病毒和木马的解决方案分发到每一个客户端。未来杀毒软件将无法有效地处理日益增多的恶意程序。来自互联网的主要威胁正在由计算机病毒转向恶意程序及木马，在这样的情况下，采用的特征库判别法显然已经过时。"云安全"技术应用后，识别和查杀病毒不再仅仅依靠本地硬盘中的病毒库，而是依靠庞大的网络服务，实时进行采集、分析以及处理。

"云安全"的策略构想是：整个互联网就是一个巨大的"杀毒软件"，参与者越多，每个参与者就越安全，整个互联网就会更安全。因为如此庞大的用户群，足以覆盖互联网的每个角落，只要某个网站被挂载木马或某个新木马病毒出现，就会立刻被截获。

10.2.2　云安全核心要素

1．Web 信誉服务

借助全信誉数据库，"云安全"按照恶意软件行为分析所发现的网站页面、历史位置变化和可疑活动迹象等因素来制定信誉分数，从而追踪网页的可信度。然后将通过该技术继续扫描网站并防止用户访问被感染的网站。为了提高准确性、降低误报率，安全厂商还为网站的特定网页或链接制定了信誉分值，而不是对整个网站进行分类或拦截，因为通常合法网站只有一部分受到攻击，而信誉可以随时间而不断变化。

通过信誉分值的比对，就可以知道某个网站潜在的风险级别。当用户访问具有潜在风险的网站时，就可以及时获得系统提醒或阻止，从而帮助用户快速地确认目标网站的安全性。通过 Web 信誉服务，可以防范恶意程序源头。由于对攻击的防范是基于网站的可信程度而不是真正的内容，因此能有效预防恶意软件的初始下载，用户进入网络前就能够获得防护能力。

2．电子邮件信誉服务

电子邮件信誉服务按照已知垃圾邮件来源的信誉数据库检查 IP 地址，同时利用可以实时评估电子邮件发送者信誉的动态服务对 IP 地址进行验证。信誉评分通过对 IP 地址的"行为""活动范围"以及以前的历史进行不断的分析而加以细化。按照发送者的 IP 地址，恶意电子邮件在云中即被拦截，从而防止僵尸或僵尸网络等 Web 威胁到达网络或用户的计算机。

3．文件信誉服务

借助文件信誉服务，可以检查位于端点、服务器或网关处的每个文件的信誉。检查的依据包括已知的良性文件清单和已知的恶性文件清单，即所谓的防病毒特征码。高性能的内容分发网络和本地缓冲服务器将确保在检查过程中使延迟时间降到最低。由于恶意信息被保存在云中，因此可以立即到达网络中的所有用户。而且和占用端点空间的传统防病毒特征码文件下载相比，这种方法降低了端点内存和系统消耗。

4．行为关联分析技术

利用行为分析的"相关性技术"把威胁活动综合联系起来，确定其是否属于恶意行为。

Web 威胁的单一活动似乎没有什么害处，但是如果同时进行多项活动，那么就可能会导致恶意结果。因此需要按照启发式观点来判断是否实际存在威胁，可以检查潜在威胁不同组件之间的相互关系。通过把威胁的不同部分关联起来并不断更新其威胁数据库，即能够实时做出响应，针对电子邮件和 Web 威胁提供及时、自动的保护。

5. 自动反馈机制

"云安全"的另一个重要组件就是自动反馈机制，以双向更新流方式在威胁研究中心和技术之间实现不间断通信。通过检查单个客户的路由信誉来确定各种新型威胁。例如，趋势科技的全球自动反馈机制的功能很像很多社区采用的"邻里监督"方式，实现实时探测和及时的"共同智能"保护，将有助于确立全面的最新威胁指数。单个客户常规信誉检查发现的每种新威胁都会自动更新趋势科技位于全球各地的所有威胁数据库，防止以后的客户遇到已经发现的威胁。

由于威胁资料将按照通信源的信誉而非具体的通信内容收集，因此不存在延迟的问题，而客户的个人或商业信息的私密性也得到了保护。

6. 威胁信息汇总

安全公司综合应用各种技术和数据收集方式——包括"蜜罐"、网络爬行器、客户和合作伙伴内容提交、反馈回路。通过"云安全"中的恶意软件数据库、服务和支持中心对威胁数据进行分析，7×24 小时的全天候威胁监控和攻击防御，以探测、预防并清除攻击。

7. 白名单技术

作为一种核心技术，白名单与黑名单（病毒特征码技术实际上采用的是黑名单技术思路）并无多大区别，区别仅在于规模不同。AVTest.org 的近期恶意样本（Bad Files，坏文件）包括了约 1200 万种不同的样本。即使近期该数量显著增加，但坏文件的数量也仍然少于好文件（Good Files）。商业白名单的样本超过 1 亿，有些人预计这一数字高达 5 亿。因此要逐一追踪现在全球存在的所有好文件无疑是一项巨大的工作，可能无法由一个公司独立完成。

作为一种核心技术，现在的白名单主要被用于降低误报率。例如，黑名单中也许存在着实际上并无恶意的特征码，因此防病毒特征数据库将会按照内部或商用白名单进行定期检查，趋势科技和熊猫目前也定期执行这项工作。因此，作为避免误报率的一种措施，白名单实际上已经被包括在了 Smart Protection Network 中。

10.2.3 相关术语

1. 分布式拒绝服务

分布式拒绝服务（Distributed Denial of Service，DDoS）攻击是指借助于客户机/服务器技术，将多个计算机联合起来作为攻击平台，对一个或多个目标发动 DDoS 攻击，从而成倍地提高拒绝服务攻击的威力。通常，攻击者使用一个偷窃来的账号将 DDoS 主控程序安装在一台计算机上，在一个设定的时间，主控程序将与大量代理程序通信，代理程序已经被安装在网络中的许多计算机上，代理程序收到指令时就发动攻击。利用客户机/服务器技术，主控程序能在几秒内激活成百上千次代理程序的运行。

2．入侵检测

入侵检测（Intrusion Detection）是对入侵行为的检测。它通过收集和分析网络行为、安全日志、审计数据、其他网络上可以获得的信息以及计算机系统中若干关键点的信息，检查网络或系统中是否存在违反安全策略的行为和被攻击的迹象。入侵检测作为一种积极主动的安全防护技术，提供了对内部攻击、外部攻击和误操作的实时保护，在网络系统受到危害之前拦截和响应入侵。因此，入侵检测被认为是防火墙之后的第二道安全闸门，在不影响网络性能的情况下能对网络进行监测。入侵检测通过执行以下任务来实现：

①监视、分析用户及系统活动。

②系统构造和弱点的审计。

③识别反映已知进攻的活动模式并向相关人士报警。

④异常行为模式的统计分析。

⑤评估重要系统和数据文件的完整性。

⑥操作系统的审计跟踪管理，并识别用户违反安全策略的行为。

入侵检测是防火墙的合理补充，可帮助系统对付网络攻击，扩展了系统管理员的安全管理能力（包括安全审计、监视、进攻识别和响应），提高了信息安全基础结构的完整性。

3．木马

木马也称为木马病毒，是指通过特定的程序（木马程序）来控制另一台计算机。一个完整的木马程序包含了两部分：服务端（服务器部分）和客户端（控制器部分）。植入对方计算机的是服务端，而黑客正是利用客户端进入运行了服务端的计算机。运行了木马程序的服务端，会产生一个有着容易迷惑用户的名称的进程，暗中打开端口，向指定地点发送数据（如网络游戏的密码、即时通信软件密码和用户上网密码等），黑客甚至可以利用这些打开的端口进入计算机系统。

10.2.4　阿里云云盾

1．云盾简介

云盾顾名思义就是基于云技术的一把盾牌，它利用阿里云强大的云技术，能有效识别发布的信息是否为垃圾内容，支持垃圾内容的自动屏蔽和删除，所有操作由系统自动执行。另外，它支持自动学习和人机识别能力，能根据站长的日常操作，自动识别网站独特的内容分级体制，以及自动识别普通用户还是发帖机用户。

云盾 DDoS 防火墙是目前国内效率最高的软件 DDoS 防火墙，其自主研发的独特抗攻击算法，高效的主动防御系统，可有效防御 DoS/DDoS、Super DDoS、DrDoS、代理 CC、变异 CC、僵尸集群 CC、UDP Flood、变异 UDP、随机 UDP、ICMP、IGMP、SYN、SYN FLOOD、ARP、传奇假人、论坛假人、非 TCP/IP 协议层等多种攻击。各种常见的攻击行为均可有效识别，并通过集成的机制实时对这些攻击流量进行处理及阻断，具备远程网络监控和数据包分析功能，能够迅速获取、分析最新的攻击特征，防御最新的攻击手段。同时，云盾 DDoS 防火墙又是一款服务器安全卫士，具有多种服务器入侵防护功能，防止黑客嗅探、入侵篡改，真正做到了"外防内保"，为用户打造一台安全省心免维护的服务器。

云盾有以下特色：

（1）不限服务器网卡数量。安装有云盾 DDoS 防火墙的主机服务器可安装多块网卡，均可受到云盾 DDoS 防火墙的全面保护。

（2）不限 IP 数量。安装有云盾 DDoS 防火墙的主机服务器可设置多个 IP，均可受到云盾 DDoS 防火墙的全面保护。

（3）服务器 IP 随意更换。云盾 DDoS 防火墙对主机服务器的 IP 地址不做任何限制，用户可结合自己的需要随意更改，云盾 DDoS 防火墙会自动保护新的 IP。

（4）网络带宽没有限制。云盾 DDoS 防火墙支持百兆和千兆网卡，不限制网络带宽，用户的硬件配置越高抗攻击能力就越强。

2．名词解释

（1）垃圾注册。

平台推广拉新客户活动时，常常吸引网络上的"羊毛党"通过注册机和虚假手机号码、人工打码等方式批量注册一批账号，进入平台批量套取优惠。

（2）暴力破解。

登录网络的欺诈分子会通过设备对账户、密码进行暴力破解，进一步获得账户登录权限，从而导致用户信息泄露及资金受损。

（3）撞库。

登录网络的欺诈分子利用互联网中遭到泄露的用户名和密码进行尝试，如果账户、密码不幸在泄露库中，可能导致关联平台上的账号被不法分子盗用。

（4）白帽子。

白帽子是指通过先知平台参与漏洞提交过程的安全专家，能够识别计算机系统或网络系统中的安全漏洞，但并不会恶意利用，而是报告漏洞，帮助企业在被其他人恶意利用之前修补漏洞，维护计算机和互联网安全。

（5）恶意代码。

这里指的是手机恶意代码，是一种移动设备上会给用户带来财产损失，或者影响手机正常使用的恶意程序。手机恶意代码可分为以下几种：

①伪装成正版软件的钓鱼盗号恶意代码。

②拦截用户短信上传服务器的短信劫持恶意代码。

③伪装成正版的盗版恶意代码。

④在未经用户允许私自发送扣费信息的恶意扣费代码。

⑤私自读取用户通信录等隐私内容的隐私窃取恶意代码。

⑥通过远程指令控制手机的远程控制恶意代码。

⑦破坏系统文件终止进程的系统破坏恶意代码。

⑧伪造通信录短信进行诱骗的诱骗欺诈恶意代码。

⑨恶意推送广告影响用户体验的流氓软件恶意代码。

（6）安全沙箱。

安全沙箱是指通过虚拟化技术创建的隔离系统环境。程序运行在沙箱环境中好比在用沙作图，随时一抹就平，不会留下痕迹。

（7）加壳。

加壳指的是在程序外面再包裹上一段代码，防止破解者的非法修改和静态反编译。它一般先于程序运行，拿到控制权，达到保护软件的目的。

3．主要功能

云盾是阿里巴巴集团多年来安全技术研究积累的成果，结合阿里云计算平台强大的数据分析能力，为中小网站提供如安全漏洞检测、网页木马检测以及面向云服务器用户提供的主机入侵检测、防 DDoS 等一站式安全服务。

阿里云基于自主开发大型分布式操作系统和十余年安全攻防的经验，为广大云平台用户推出基于云计算架构设计和开发的云盾海量防 DDoS 清洗服务。云盾的基础功能主要包括：全覆盖、全天候、全清洗等。

（1）全覆盖。

云盾的防 DDoS 攻击的流量清洗服务可帮助云用户抵御各类基于网络层、传输层及应用层的 DDoS 攻击（包括 CC、SYN Flood、UDP Flood、UDP DNS Query Flood、（M）Stream Flood、ICMP Flood、HTTP Get Flood 等所有 DDoS 攻击方式），并实时短信通知用户网站防御状态。

云盾的防 DDoS 攻击的流量清洗服务由恶意流量检测中心、安全策略调度中心和恶意流量清洗中心组成，三个中心均采用分布式结构、全网状互联的形式覆盖阿里云所有提供云服务的数据中心节点。

（2）全天候。

依托云计算架构的高弹性和大冗余特点，云盾防 DDoS 攻击的流量清洗服务实现了服务稳定、防御精准。

①服务稳定。云盾防 DDoS 攻击的流量清洗服务可用性达 99.99%。

②防御精准。恶意流量检测中心的检测成功率达 99.99%，单个数据中心流量检测能力达 60Gbps 或 60Mpps 以上；恶意流量清洗中心的清洗成功率达 99.99%。

（3）全清洗。

对于云服务器用户，阿里云提供单个 IP 地址、3GB 以内的所有类型的 DDoS 攻击流量清洗服务。

云盾的安全体检从网站最常见的入侵行为入手，对构建在云服务器上的网站提供网站端口安全检测、网站 Web 漏洞检测、网站木马检测三大功能。

①网站端口安全检测。

该功能通过服务器集群对构建在云服务器上的网站进行快速、完整的端口扫描，使用最新的指纹识别技术判断运行在开放端口上的服务、软件以及版本，一旦发现未经允许开放的端口和服务，会第一时间提醒用户予以关闭，降低系统被入侵的风险。

②网站 Web 漏洞检测。

该功能聚焦于构建在云服务器上的网站的 Web 漏洞，检测的漏洞类型覆盖 OWASP、WASC、CNVD 分类。系统支持恶意篡改检测；支持 Web 2.0、Ajax、PHP、ASP、.NET 和 Java 等环境；支持复杂字符编码，chunk、gzip、deflate 等压缩方式；支持 Basic、NTLM、Cookie、SSL 等多种认证方式；支持代理、HTTPS、DNS 绑定扫描等；支持流行的百余种第三方建站系统独有漏洞扫描；同时，通过规则组对最新 Web 漏洞的持续跟踪和分析，进一步保障了产品检测能力的及时性和全面性。

③网站木马检测。

在检测技术上通过对 HTML 和 JavaScript 引擎解密恶意代码，同特征库匹配识别，同时支持通过模拟浏览器访问页面分析恶意行为，发现未知木马，实现木马检测的零误报。

任务 10.1　主机防护——安骑士的使用

任务的实施将基于阿里云、腾讯云和华为云的平台完成，本文以阿里云平台操作描述为主线，华为云和腾讯云平台操作的任务实践，请扫描二维码，浏览电子活页中的操作任务进行学习和实践。

华为云　　腾讯云

1．任务描述

重新安装"慕课云"系统使用的 ECS 实例的安骑士并设置常用登录地址和白名单。

2．任务目标

了解云盾安骑士的基本应用。

3．任务实施

【准备】

登录阿里云云盾管理控制台。

【步骤】

（1）设置常用登录地。

①进入"异常登录"页面。

在"异常登录"页面，单击"登录安全设置"按钮，如图 10.1 所示。

图 10.1　"异常登录"页面

②添加登录地。

在"登录安全设置"页面，单击"添加"按钮，在弹出的"添加常用登录地"页面中，选择要添加的常用登录地和相应的服务器，然后单击"确定"按钮，完成设置，如图 10.2 所示。

③查看状态。

在配置中心查看相应 ECS 在线状态，如图 10.3 所示。

（2）设置白名单。

①进入配置中心。

进入"安全配置"页面，单击"点此设置"命令，如图 10.4 所示。

图 10.2　"登录安全设置"页面

图 10.3　查看状态

图 10.4　"安全配置"页面

②添加白名单。

在"访问白名单"页面，单击"添加"按钮，如图10.5所示。

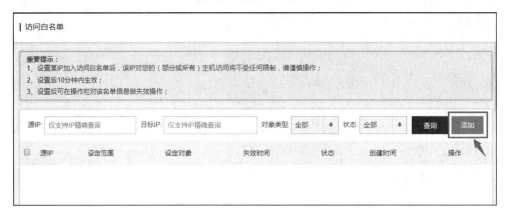

图10.5 "访问白名单"页面

进入添加登录IP白名单页面，选择要添加的白名单IP和相应的服务器，然后单击"确定"按钮，完成设置，如图10.6所示。

图10.6 添加白名单页面

任务 10.2 网络级防护——基础防护

华为云

腾讯云

任务的实施将基于阿里云、腾讯云和华为云的平台完成，本文以阿里云平台操作描述为主线，华为云和腾讯云平台操作的任务实践，请扫描二维码，浏览电子活页中的操作任务进行学习和实践。

1. 任务描述

将"慕课云"加入安全信誉防护联盟，并开启CC防护，进行DDoS防护设置。

2．任务目标

了解云盾网络防护的基本应用。

3．任务实施

【准备】

登录阿里云云盾管理控制台。

【步骤】

在服务器 DDoS 防护设置页面，单击"实例"菜单，然后单击 ECS 对应的"清洗设置"命令，如图 10.7 所示。

图 10.7　DDoS 实例页面

在"清洗设置"页面中，单击"手动设置"按钮，选择流量及报文数量，完成设置，如图 10.8 所示。

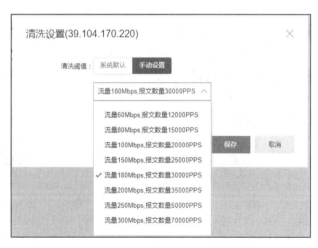

图 10.8　"清洗设置"页面

习题

（1）什么是 DDoS 攻击？

（2）为什么阿里云会用到黑洞策略？

11.1　场景导入

运维人员要去度假，如何随时随地了解阿里云上的资源使用情况、性能和运行状况？如何借助报警服务，及时帮助做出反应，保证应用程序顺畅运行？如何安心过一个无干扰的假期？

下面开始系统地了解如何利用云监控高效管理购买的云产品及服务。

11.2　知识点讲解

11.2.1　云监控概述

云监控（Cloud Monitoring）是安防业的热门议题，业界大多从智慧城市的概念去谈，并不约而同地将安防云与 IT 的云计算画等号——资源虚拟化和云服务。现阶段的监控行业正处于监控数据集中到虚拟化、资源化的过渡阶段。

安防行业所定义的"云监控"是指充分借鉴 IT 行业发展过程中的云计算、云存储、数据中心、商业智能等技术理念，针对监控等多媒体业务的数据中心架构与技术进行优化设计与开发，通过安防大联网实践，促使整体架构具备健壮性、可扩展、可运行性、标准化的特点，实现视频数据越来越集中化，并进一步实现数据的情报化和信息化，让管理和操作更加高效简单，最终实现总成本的不断降低，推动了监控行业整体向 IT 云计算时代不断演进和发展。

监控系统从一个封闭、专用、监看为主的安防子系统向客户 IT 信息系统的核心业务部分转换，借鉴 IT 系统分层架构，面向客户需求的云监控整体架构包括云终端、云平台和云业务的三层架构，其核心是以多媒体数据中心为主要组成部分的云平台。云监控的主要组成部分及特点如下。

（1）云平台。

①云存储。高可靠存储虚拟化，跨平台、可集中或分布式部署，面向资源的管理，提升整体存储能力和资源利用率，能够面向多媒体存储特征进行设计，如数据安全性冗余和更加简单的多媒体存储架构，从而在保证整体可靠性基础上降低存储成本，减少维护使用费用。

②云计算。分布式计算和自动化管理，能够跨平台、分布式集群化部署，提升整体计算分析和计算资源利用率，实现整体计算成本的降低；能够基于智能分析和数据挖掘提升数据

的有效性，提高监控系统的实用价值；能够充分结合多媒体应用大信息量交互和频繁的信令调度进行优化设计，提高处理性能，并实现统一管理手段，从而减少维护使用成本。

③云交换。与网络的深度融合，便于高效、简洁、可靠地通过标准的 IP 网络获取、共享、传递各种视音频流、图片和消息事件等多媒体信息，实现端到端的多媒体信息高效交互传输，简化整体架构，提高系统可靠性。

（2）云业务。

跨时空一致体验，Web 2.0 与工作流协同相结合，具有增值应用的易获得性和高开放接口，容易结合客户需求定制开发，符合客户安全管理与生产管理的融合趋势，成为客户业务、生产、管理的重要可视化手段。

（3）云终端。

以 IP 网络摄像机为代表，充分实现和网络、存储及计算资源的结合，支持端到端的多媒体信息存储和传输，支持多网络接口，同时可以作为云计算的分布式终端，提高系统整体性能和可靠性。

11.2.2　云监控服务

对于云监控，当前业界有两种说法：一种说法是基于云计算的视频监控系统的简称；另一种说法是云平台的性能监视与检测。本书侧重于后一种说法。云监控的主要服务内容包括以下几个方面。

1．站点监控

云监控可以对用户的站点进行性能监控，其中可用率和响应时间是两个重要指标。云监控支持多种站点监控类型，它们对应着不同的网络访问传输协议，用户可以利用它们来快速创建监控项目，从而监控用户的站点。

2．服务器性能监控

云监控通过标准的网络管理协议 SNMP 来帮助用户远程监控服务器性能，只需要用户在服务器上配置 SNMP 监控代理。安全的 SNMP 代理云监控对于 SNMP 的身份验证支持 v2c 和 v3。此外，它还提供了多项安全配置建议，通过 v3 的加密身份验证以及防火墙的保护，用户完全可以放心地使用 SNMP。

3．监控项目类型

云监控支持 Linux/UNIX 服务器以及 Windows 服务器的性能监控，用户可以创建各种类型的监控项目，包括 CPU 使用率、CPU 负载、内存使用率、磁盘空间使用率、磁盘 I/O、网络流量、系统进程数等。

11.2.3　相关术语

1．CPU 使用率

CPU 使用率其实就是运行的程序占用的 CPU 资源，表示计算机在某个时间点的运行程序的情况。CPU 使用率越高，说明计算机在这个时间上运行了越多的程序，反之较少。CPU 使用率的高低与计算机的 CPU 强弱有直接关系。分时多任务操作系统对 CPU 都是分时间片使用的。例如，A 进程占用 10ms，然后 B 进程占用 30ms，然后空闲 60ms，A 进程再占用 10ms，B 进程再占用 30ms，空闲 60ms。如果在一段时间内都是如此，那么这段时间内的占用率为 40%。CPU 对线程的响应并不是连续的，通常会在一段时间后自动中断线程。未响应的线程增加，就会不断加大 CPU 的占用。CPU 使用率高的原因有很多，但是一般都是由于病毒、木马或开机启动项过多所致。高 CPU 使用率也可能表明应用程序的调整或设计不良。优化应用程序可以降低 CPU 的使用率。

CPU 使用率高的原因主要有：

（1）操作系统或杀毒软件的自动更新。

（2）杀毒软件自动杀毒。

（3）驱动没有经过认证，造成 CPU 资源占用达 100%。

（4）计算机感染病毒或是木马。

（5）查看网络连接。

（6）CPU 温度过高。

（7）运行的程序太多。

2．系统盘 IOPS

IOPS（Input/Output Per Second）即每秒的输入/输出量（或读写次数），是衡量磁盘性能的主要指标之一。IOPS 是指单位时间内系统能处理的 I/O 请求数量，一般以每秒处理的 I/O 请求数量为单位，I/O 请求通常为读或写数据操作请求。

随机读写频繁地应用，如小文件存储（图片）、OLTP（联机事务处理过程）数据库、邮件服务器，关注随机读写性能，IOPS 是关键衡量指标。

顺序读写频繁地应用，传输大量连续数据，如电视台的视频编辑、视频点播 VOD（Video On Demand），关注连续读写性能，数据吞吐量是关键衡量指标。

IOPS 和数据吞吐量适用于不同的场合：

● 读取 10000 个 1KB 文件，用时 10s，Throught（吞吐量）=1MB/s，IOPS=1000，追求 IOPS。

● 读取 1 个 10MB 文件，用时 0.2s，Throught（吞吐量）=50MB/s，IOPS=5，追求数据吞吐量。

3．内存使用率

内存使用率指的是此进程所占用的内存。占内存大的程序不一定会占用很多的 CPU 资源，而占 CPU 多的程序也不一定占太大的内存。某一程序的 CPU 占用率过高会影响其他程序的运行。而某一程序占用内存过大，会影响机器的整体性能。

4．系统平均负载

系统平均负载被定义为在特定时间间隔内运行队列中的平均进程数。如果一个进程满足以下条件则会位于运行队列中：

● 它没有在等待 I/O 操作的结果。

● 它没有主动进入等待状态（也就是没有调用 wait）。

● 它没有被停止（如等待终止）。

通俗地说，运行队列中的进程正在消耗内存和 CPU 资源，从而能算出消耗资源的比例。

一般来说，只要每个 CPU 的当前活动进程数不大于 3，那么系统的性能就是良好的；如果每个 CPU 的任务数大于 5，那么就表示这台机器的性能有严重问题。

11.2.4　阿里云云监控

1．阿里云云监控简介

云监控作为云服务的监控管理入口，能让用户快速了解各产品实例的状态和性能。云监控从站点监控、云服务监控、自定义监控三个方面来提供服务。通过云监控管理控制台，用户可以看到当前服务的监控项数据图表，清晰了解服务运行情况，并通过设置报警规则，管理监控项状态，及时获取异常信息。

如果用户已经开通了阿里云相关产品（ECS 云服务器、RDS 关系型数据库等），那么可以直接登录云监控管理控制台，查看相关实例的监控状态（ECS 需要一键安装云盾插件）。目前提供 8 种云服务监控，其他云服务监控也将陆续接入云监控。

如果用户需要了解自己站点的可用性和响应时间，可以开通云监控站点服务来获取站点的可用性和响应时间。站点监控既可以监控 ECS 服务器上的站点，也可以监控非阿里云云服务器上的站点。在站点监控栏中添加监控站点，并选择需要的监控项，便可成功开启站点监控功能。

如果云服务监控和站点监控依然满足不了用户的监控要求，用户还可以安装云监控 SDK，自定义监控项。自定义监控项信息同样可以以图表的形式展示在云监控管理控制台。

获取监控信息分为两种方式，即登录云监控管理控制台直接查看信息和调用 OpenAPI 获取监控数据信息。

云监控目前免费限量为用户提供监控服务，部分产品功能如表 11.1 所示。

表 11.1　云监控部分产品功能表

产 品 功 能	功 能 描 述
站点监控	探测 URL、IP 的可用性，支持创建 HTTP、ping、TCP、UDP、DNS、POP3、SMTP、FTP 8 种探测点，获取探测对象的状态码和响应时间
云服务监控	为阿里云服务用户提供各个产品的性能指标查看，当前支持 ECS、RDS、负载均衡、OSS 等主要云产品的监控指标
自定义监控	用户可根据自身业务，定义监控指标，并通过脚本上报数据。满足用户业务层面的监控需求
报警服务	支持用户对上述三种监控服务的指标设置报警规则。当监控数据满足报警规则的设置时，会发出报警通知。当前支持短信、邮件、旺旺、MNS 4 种通知方式

（1）站点监控。

站点监控当前支持 8 种协议的探测，如表 11.2 所示。探测点包括杭州、青岛、北京，探测频率支持 1 分钟、5 分钟、15 分钟。当前每个用户最多能创建 200 个探测点。

表 11.2　探测类型表

探 测 类 型	功 能
HTTP/HTTPS	对指定的 URL/IP 进行 HTTP/HTTPS 探测，获得可用性监控以及响应时间、状态码。高级设置中支持 GET/POST/HEAD 请求方式、cookie、header 信息，判断页面内容是否符合匹配内容
ping	对指定的 URL/IP 进行 ICMP ping 探测，获得可用性监控以及响应时间、丢包率
TCP	对指定的端口进行 TCP 探测，获得可用性监控以及响应时间、状态码。高级设置中支持配置 TCP 的请求内容及匹配响应内容

续表

探 测 类 型	功　　能
UDP	对指定的端口进行 UDP 探测，获得可用性监控以及响应时间、状态码。高级设置中支持配置 UDP 的请求内容及匹配响应内容
DNS	对指定的域名进行 DNS 探测，获得可用性监控以及响应时间、状态码。高级设置中支持查询 A/MX/NS/CNAME/TXT/ANY 记录
POP3	对指定的 URL/IP 进行 POP3 探测，获得可用性监控以及响应时间、状态码。高级设置中支持端口、用户名、密码和是否使用安全链接的设置
SMTP	对指定的 URL/IP 进行 SMTP 探测，获得可用性监控以及响应时间、状态码。高级设置中支持端口、用户名、密码和是否使用安全链接的设置
FTP	对指定的 URL/IP 进行 FTP 探测，获得可用性监控以及响应时间、状态码。高级设置中支持端口、是否使用安全链接的设置

（2）云服务监控。

云服务监控是阿里云为用户提供的各种云产品相关指标的监控。用户在购买相关产品实例后，即可享受相应的监控服务。当前对用户开放的产品包括云服务器 ECS、云数据库 RDS、负载均衡、云数据库 Memcache 版、对象存储 OSS、CDN、弹性公网 IP、云数据库 Redis 版、消息服务、日志服务等，其他云产品的监控将陆续加入进来。

云服务监控不需要特殊的开通流程，用户购买云产品实例后，即可登录云监控控制台查看监控指标、设置报警规则。

云服务监控指标分为基础监控指标和操作系统级别监控指标。基础监控指标为阿里云直接采集的监控数据，用户购买实例后即可登录控制台查看，无须进行其他操作。操作系统级别监控指标为虚拟机内部采集的监控指标，需要用户在虚拟机内部安装插件才能采集获取监控数据。除 ECS 外，其他产品的监控指标均为基础监控指标，无须安装任何插件。

（3）自定义监控。

自定义监控是提供给用户自由定义监控项及报警规则的一项功能。通过此功能，用户可以针对自己关心的业务进行监控，将采集到的监控数据上报至云监控，由云监控来进行数据的处理，并根据结果进行报警。

云监控当前允许至多 10 个自定义监控项，且上报监控数据的服务必须在阿里云的云服务器上完成。

（4）报警服务。

用户可以对站点监控中的探测点、云服务监控中的实例和自定义监控中的监控项设置报警规则。

用户首次使用报警功能时，需要先新建报警联系人，然后新建报警联系组，再到需要创建报警规则的服务中创建报警规则。

新用户可以使用的短信数量配额为 1000 条。

报警服务支持短信、邮件、旺旺、事件订阅 4 种方式。旺旺仅支持 PC 端报警消息推送。如果用户安装了阿里云 App，也可以通过阿里云 App 接收报警通知。

2．名词解释

（1）监控项。

用户设置或者系统默认的监控数据类型，例如站点监控的 HTTP 监控默认有两个监控项

http.responseTime（响应时间）和 http.status（状态码）。ECS 的监控项有 CPU 利用率、内存利用率等。

（2）监控点。

即监控项的一个实例，如针对 www.aliyun.com 这个站点的 HTTP 监控，实际包含两个监控点 http.responseTime 和 http.status。对于 ECS 云主机有 11 个监控项，所以一台云主机默认有 11 个监控点。

（3）维度。

定位监控项数据位置的维度，例如磁盘 I/O 这个监控项，通过实例和磁盘名称两个维度可以定位到唯一的监控数据。在自定义监控中，目前维度用"字段信息表示"。

（4）规则。

规则是一个条件，例如"CPU 使用率≥50%"是一个规则；10 台 ECS 服务器中有 7 台可用也是一个规则，"可用服务器比例≥70%"。

（5）事件。

事件是隐性的，没有展现给使用者，当一个监控点上规则条件满足时，产生一个事件。例如 CPU 使用率达到 60%，满足"CPU 使用率≥50%"这一规则的条件，则产生一个事件。多个事件满足一个规则的条件，可以产生一个新的事件。例如站点监控有两个探测点，只有一个探测点探测到目标站点不可用，不满足"不可用探测=2"规则，不产生"双探测不可用"事件，不会触发报警。只有两个探测点同时探测某一站点不可用，产生一个"双探测不可用"事件，进而触发报警。

（6）报警。

由事件驱动的一个通知动作，通过特定形式通知报警联系人或服务。

（7）报警组。

一组报警联系人，可以包含一个或多个"报警联系人"。在报警设置中，均通过"报警组"发送报警通知。对应每一个监控点，根据预先设定的报警方式在到达报警阈值时向报警组成员发送报警信息。

（8）通道沉默。

当某一条报警发出后，如果这个指标 24 小时之内持续超过报警阈值，则 24 小时内不会再次触发报警。

3．使用场景

云监控为用户提供了非常丰富的使用场景，下面按服务举例说明。

（1）云服务监控。

用户购买和使用了云监控支持的阿里云服务后，即可方便地在云监控对应的产品页面查看产品运行状态、各个指标的使用情况并对监控项设置报警规则。

①系统监控。

监控实例性能指标数据，及时获取实例使用情况。通过监控 ECS 的 CPU 使用率、内存使用率、公网流出流速（带宽）等基础指标，确保实例的正常使用，避免因为对资源的过度使用造成用户业务无法正常运转。

②及时处理异常场景。

云监控会根据用户设置的报警规则，在监控数据达到报警阈值时发送报警信息，让用户及时获取异常通知，查询异常原因。

③及时扩容场景。

对带宽、连接数、磁盘使用率等监控项设置报警规则后，可以让用户方便地了解云服务现状，在业务量变大后及时收到报警通知并进行服务扩容。

（2）站点监控。

站点监控服务目前提供 8 种协议的监控设置，可探测用户站点的可用性、响应时间、丢包率，让用户全面了解站点的可用性并在异常时及时处理。

（3）自定义监控。

自定义监控补充了云服务监控的不足。如果云监控服务未能提供用户需要的监控项，那么用户可以创建新的监控项并采集监控数据上报到云监控，云监控会对新的监控项提供监控图表展示和报警功能。

任务 11.1　使用云监控进行站点监控

华为云　　腾讯云

任务的实施将基于阿里云、腾讯云和华为云的平台完成，本文以阿里云平台操作描述为主线，华为云和腾讯云平台操作的任务实践，请扫描二维码，浏览电子活页中的操作任务进行学习和实践。

1．任务描述

针对知途网的运行监控管理，设置相关报警联系人以及报警联系组，然后针对知图网站点（www.chinamoocs.com）设置 HTTP 及 ping 监控点并查看监控图表。

2．任务目标

学会使用云监控对站点进行监控管理。

3．任务实施

【准备】

登录阿里云云监控管理控制台。

【步骤】

（1）设置报警联系人。

①进入监控管理控制台。

②新建联系人。在"报警联系人管理"页面，单击"新建联系人"按钮，如图 11.1 所示。

图 11.1　"报警联系人管理"页面

- 输入姓名（如 mooccloud）。姓名以中英文字符开始，且长度大于 2 位，小于 40 位，由中英文字符、数字、"."、下画线组成。
- 输入手机号码和验证码。验证码通过手机短信获取。
- 输入邮箱和验证码（通过邮箱获取验证码）。
- 单击"保存"按钮，如图 11.2 所示。

图 11.2 "设置报警联系人"页面

③查看状态。在"报警联系人"页面，可以查看创建的报警联系人，如图 11.3 所示。

图 11.3 "报警联系人"页面

（2）设置报警联系组。

①进入云监控管理控制台。

②新建联系组。在"报警联系人管理"页面，单击"新建联系组"按钮，如图11.4所示。

图11.4 "报警联系人管理"页面

在"新建联系组"页面进行如下操作：

● 输入组名（如 mooccloud）。

● 添加联系人。选择步骤（1）中创建的联系人，单击向右箭头按钮将其添加到"已选联系人"列表框中。

● 单击"确定"按钮，完成报警联系组的创建，如图11.5所示。

图11.5 "新建联系组"页面

（3）创建 HTTP 监控点。

①进入监控管理控制台。

②创建监控点。在云监控管理控制台的"站点管理"页面，单击"新建监控点"按钮，如图 11.6 所示。

图 11.6　"站点管理"页面

在"创建监控点"页面进行如下操作：

● 选择监控类型（如 HTTP）。这里的监控类型即站点类型。

监控类型包括 HTTP、ping、TCP、UDP、DNS、SMTP、POP3 和 FTP。监控 Web 站点中任何指定的 URL 或者 IP，获得可用性监控以及响应时间。

● 输入任务名称（如 mooccloud_http）。这里的任务名称即监控点名称。

任务名称格式为 4～50 个字符，支持英文字母、数字、下画线以及汉字。

● 输入监控地址（如 www.chinamoocs.com）。

如输入多个监控地址，需换行分隔书写，最多可添加 5 个地址。

● 选择监控频率（如 5 分钟）。

监控频率可分为 1 分钟、5 分钟、15 分钟、30 分钟和 60 分钟，如图 11.7 所示。

图 11.7　设置监控基本信息

● 选择探测点，如图 11.8 所示。

图 11.8　设置监控探测点

● 设置报警规则。

在"设置报警规则"页面，设置可用探测点百分比＜99.999%，平均响应时间≥5000毫秒，连续 3 次超过阈值后报警，选择联系人通知组，然后设置报警级别为 Warning，如图 11.9 所示。

图 11.9 "设置报警规则"页面

单击"创建"按钮，完成站点的 HTTP 监控点设置。

（4）创建 ping 监控点。

创建 ping 监控点与步骤（3）类似，具体操作如下：

在"创建监控点"页面，选择 ping 监控类型，根据命名规则设置任务名称（如 mooccloud_ping），输入监控地址（如 www.chinamoocs.com），监控频率设置为 5 分钟，选择默认探测点，然后单击"确定"按钮，如图 11.10 所示。

在"设置报警规则"页面，设置丢包率≥10%，平均响应时间≥400 毫秒，连续 3 次超过阈值后报警，选择步骤（2）中创建的联系人通知组，报警级别设为 Warning，如图 11.11 所示。

最后单击"创建"按钮，完成站点的 ping 监控点设置。

（5）查看监控图表。

在云监控管理控制台，选择"站点管理"页面，可查看步骤（3）创建的 HTTP 监控点和步骤（4）创建的 ping 监控点的可用率以及响应时间，如图 11.12 所示。

图 11.10 监控基本信息

图 11.11 "设置报警规则"页面

图 11.12　站点管理列表

任务 11.2　使用云监控进行云产品监控

华为云　　　腾讯云

任务的实施将基于阿里云、腾讯云和华为云的平台完成，本文以阿里云平台操作描述为主线，华为云和腾讯云平台操作的任务实践，请扫描二维码，浏览电子活页中的操作任务进行学习和实践。

1．任务描述

在"慕课云"使用的 ECS 实例上安装监控插件，查看监控图表并设置报警规则。

2．任务目标

学会使用云监控对云服务器 ECS 进行监控管理。

3．任务实施

【准备】

（1）登录阿里云云监控管理控制台。

（2）创建报警联系组 group1。

【步骤】

（1）安装 ECS 实例的监控插件。

①进入云监控管理控制台。

②安装 ECS 插件。进入云监控管理控制台，在"主机监控"页面中，单击 ECS 实例右侧的"点击安装"命令，如图 11.13 所示。

图 11.13　"主机监控"页面

③查看状态。状态变成"运行中"，说明 ECS 实例的监控插件安装完成，如图 11.14 所示。

图 11.14　安装监控插件后的状态

（2）查看监控图表。

①进入监控图表。在云服务器 ECS"主机监控"页面中，单击所对应的 ECS 实例右侧的"监控图表"命令，如图 11.15 所示。

图 11.15　"主机监控"页面

②查看状态。在"监控图表"页面，可以查看当前 ECS 实例的 CPU 百分比、网络流入/流出速率、系统磁盘 BPS、系统盘 IOPS、网络入/出流量等数据，如图 11.16 所示。

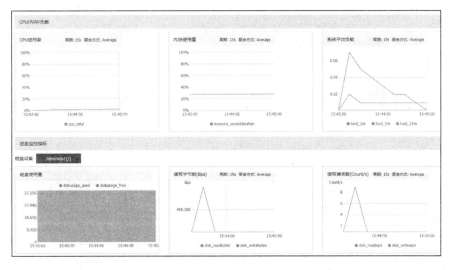

图 11.16　监控图表

（3）设置报警规则。

在云服务器 ECS "主机监控"页面，单击 ECS 实例右侧的"报警规则"命令，如图 11.17 所示。

图 11.17 "主机监控"页面

①新建报警规则。在"报警规则"页面，单击"新建报警规则"按钮，如图 11.18 所示。

图 11.18 "报警规则"页面

②关联资源。选择产品为云服务器 ECS，资源范围为实例，然后选择需要监控的实例，如图 11.19 所示。

图 11.19 关联资源设置

③设置报警规则。输入规则名称（如 demo），设置 CPU 百分比，统计方法为平均值≥80%，

如图 11.20 所示。

图 11.20 "设置报警规则"页面

④通知方式。选择联系人通知组，报警级别设为 Warning，如图 11.21 所示。

图 11.21 "通知方式"页面

⑤完成设置。单击"确认"按钮，完成报警规则设置，如图 11.22 所示。

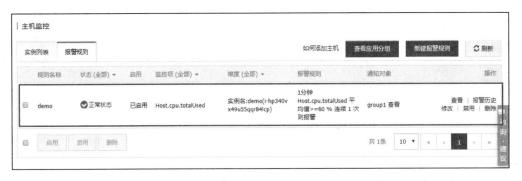

图 11.22　报警规则设置完成的状态

习题

（1）阿里云云监控产品中的云服务监控适用于什么应用场景？

（2）什么是基础监控指标和操作系统级别监控指标？

12.1　API 应用

12.1.1　API 概述

API（Application Programming Interface，应用程序编程接口）是一些预先定义的函数，目的是提供应用程序与开发人员基于某软件或硬件得以访问一组例程的能力，而又无须访问源码或理解内部工作机制的细节。

阿里云大部分产品均开发了 API 接口，用户既可以基于阿里云开源的 SDK（软件开发工具包）编写代码来调用 API，也可以使用阿里云 CLI（命令行工具）来调用 API，从而对应用、资源和数据进行更灵活的部署、更快速的操作、更精确的使用、更及时的监控。

12.1.2　API 使用方法

下面以阿里云云服务器 ECS 的 API 为例，讲解阿里云云产品 API 的调用方式。

阿里云云服务器 ECS API 支持 HTTP 或 HTTPS 请求，允许 GET 和 POST 方法。用户还可以通过以下方式调用 ECS API：

（1）不同编程语言的云服务器 ECS SDK；

（2）阿里云 CLI；

（3）阿里云 API Explorer；

（4）API URL 请求。

以下主要介绍 HTTP 调用方式，它适用基于 API URL 发起 HTTP/HTTPS GET 请求的用户。发起 API 请求的 URL 由不同参数组合而成，有固定的请求结构。URL 中包含公共参数、用户签名和某个 API 的具体参数。根据用户的签名验证请求后，会将结果返回给用户。接口调用成功会显示返回参数，调用失败则显示相应报错信息，用户可以根据公共错误码和具体 API 错误码进行分析和排查。其他调用方式请参见阿里云官方文档。

1. 请求结构

阿里云 ECS API 支持基于 URL 发起 HTTP/HTTPS GET 请求，请求参数需要包含在 URL 中。此处列举了 GET 请求中的结构解释，并提供了 ECS 的服务接入地址（Endpoint）。

以下是创建快照（Create Snapshot）的一条未编码 URL 请求示例：

```
https://ecs.aliyuncs.com/?Action=CreateSnapshot
&DiskId=d-28m5zbu**
&<公共请求参数>
```

（1）通信协议。

支持通过 HTTP 或 HTTPS 协议请求通信。为了获得更高的安全性，推荐使用 HTTPS 协议发送请求。上面的示例中，"https"指定了请求通信协议。

（2）接入地址。

ECS API 的服务接入地址如表 12.1 所示。为减少网络延时，建议用户根据业务调用来源配置接入地址。上面的示例中，"ecs.aliyuncs.com"指定了 ECS 的服务接入地址（Endpoint）。

表 12.1　业务调用来源来自中国的最佳地址列表

地域（部署位置）	接入地址
中心	ecs.aliyuncs.com
中心（中国香港）	ecs.cn-hongkong.aliyuncs.com
华北 3（张家口）	ecs.cn-zhangjiakou.aliyuncs.com
华北 5（呼和浩特）	ecs.cn-huhehaote.aliyuncs.com

（3）请求参数。

每个请求需要通过 Action 参数指定目标操作，即需要指定接口的其他参数以及公共请求参数。上面的示例中，"Action=CreateSnapshot"指定了要调用的 API，"DiskId=d-28m5zbu**"是 CreateSnapshot 规定的参数，"<公共请求参数>"是系统规定的公共参数。

（4）字符编码。

请求及返回结果都使用 UTF-8 字符集进行编码。

2．公共参数

公共参数分为公共请求参数（如表 12.2 所示）和公共返回参数（如表 12.3 所示）。公共请求参数适用于通过 URL 发送 GET 请求调用云服务器 ECS API。

表 12.2　公共请求参数表

名　称	类　型	是否必须	描　述
Format	String	否	返回值的类型，支持 JSON 与 XML，默认为 XML
Version	String	是	API 版本号，为日期形式 YYYY-MM-DD，例如某版本对应为 2014-05-26
AccessKeyId	String	是	阿里云颁发给用户的访问服务所用的密钥 ID
Signature	String	是	签名结果串
SignatureMethod	String	是	签名方式，目前支持 HMAC-SHA1
Timestamp	String	是	请求的时间戳。日期格式按照 ISO8601 标准表示，并需要使用 UTC 时间。格式为 YYYY-MM-DDThh:mm:ssZ，例如 2014-05-26T12:00:00Z（为北京时间 2014 年 5 月 26 日 20 点 0 分 0 秒）
SignatureVersion	String	是	签名算法版本，目前版本是 1.0
SignatureNonce	String	是	唯一随机数，用于防止网络重放攻击。用户在不同请求间要使用不同的随机数值

表 12.3　公共返回参数表

名　称	类　型	描　述
RequestId	String	请求 ID。无论调用接口成功与否，都会返回请求 ID

3．签名机制

ECS 服务会对每个访问的请求进行身份验证，所以无论使用 HTTP 还是 HTTPS 协议提交请求，都需要在请求中包含签名（Signature）信息。ECS 通过使用 AccessKey ID 和 AccessKey Secret 进行对称加密的方法来验证请求的发送者身份。AccessKey ID 和 AccessKey Secret 由阿里云官方颁发给访问者（可以通过阿里云官方网站申请和管理），其中 AccessKey ID 用于标识访问者的身份；AccessKey Secret 是用于加密签名字符串和服务器端验证签名字符串的密钥，必须严格保密，谨防泄露。

用户在访问时，按照以下步骤对请求进行签名处理。

（1）构造规范化的请求字符串（Canonicalized Query String）。

①参数排序。

排序规则是以首字母顺序排序，排序参数包括公共请求参数和接口自定义参数，不包括"公共请求参数"中提到的 Signature 参数。

②参数编码。

使用 UTF-8 字符集，按照 RFC3986 规则编码请求参数和参数取值。编码的规则如下：

- 对于字符 A～Z、a～z、0～9 以及字符 "-"."_"."."."~" 不编码。
- 对于其他字符编码成 "%XY" 的格式，其中 XY 是字符对应 ASCII 码的十六进制表示。例如，英文的双引号（"）对应的编码就是%22。
- 对于扩展的 UTF-8 字符，编码成 "%XY%ZA…" 的格式。
- 英文空格对应的编码是%20，而不是加号（+）。

注意：该编码方式和一般采用的 application/x-www-form-urlencoded 的 MIME 格式编码算法（如 Java 标准库中的 java.net.URLEncoder 的实现）相似，但又有所不同。实现时，可以先用标准库的方式进行编码，然后把编码后的字符串中的加号（+）替换成%20，星号（*）替换成%2A，%7E 替换回波浪号（~），即可得到上述规则描述的编码字符串。这个算法可以用下面的 percentEncode 方法来实现：

```
private static final String ENCODING = "UTF-8";
private      static      String      percentEncode(String      value)      throws
UnsupportedEncodingException {
return  value  !=  null  ?  URLEncoder.encode(value,  ENCODING).replace("+",
"%20").replace("*", "%2A").replace("%7E", "~") : null;
 }
```

③将编码后的参数名称和值用英文等号（=）进行连接。

④使用"与"（&）连接编码后的请求参数，注意参数排序与步骤①一致。

这样就得到了规范化请求字符串（Canonicalized Query String），并遵循请求结构。

（2）构造签名的字符串。

①构造待签名字符串 StringToSign。可以同样使用 percentEncode 方法处理上一步构造的规范化请求字符串，规则如下：

```
StringToSign=
    HTTPMethod + "&" +              //HTTPMethod: 发送请求的 HTTP 方法，例如 GET
    percentEncode ("/") + "&" +     //percentEncode("/"): 字符（/）UTF-8 编码得到
                                    //的值，即 %2F
    percentEncode (CanonicalizedQueryString)//用户的规范化请求字符串
```

②按照 RFC2104 的定义，计算待签名字符串 StringToSign 的 HMAC-SHA1 值。以下示例使用的是 JavaBase64 编码方法：

```
Signature = Base64( HMAC-SHA1(AccessSecret, UTF-8-Encoding-Of(StringToSign) ) )
```

③添加根据 RFC3986 规则编码后的参数 Signature 到规范化请求字符串 URL 中，即完成请求签名的过程。

下面以 DescribeRegions 为例，来讲解请求签名的过程。假设使用的 AccessKey ID 是"testid"，AccessKey Secret 是"testsecret"，那么签名前的请求 URL 为：

```
http://ecs.aliyuncs.com/?TimeStamp=2016-02-23T12:46:24Z&Format=XML&AccessKe
yId=testid&Action=DescribeRegions&SignatureMethod=HMAC-SHA1&SignatureNonce=3
ee8c1b8-83d3-44af-a94f-4e0ad82fd6cf&Version=2014-05-26&SignatureVersion=1.0
```

而计算得到的待签名字符串 StringToSign 为：

```
GET&%2F&AccessKeyId%3Dtestid%26Action%3DDescribeRegions%26Format%3DXML%26Si
gnatureMethod%3DHMAC-SHA1%26SignatureNonce%3D3ee8c1b8-83d3-44af-a94f-4e0ad82
fd6cf%26SignatureVersion%3D1.0%26TimeStamp%3D2016-02-23T12%253A46%253A24Z%26
Version%3D2014-05-26
```

计算签名值。因为 AccessKeySecret=testsecret，用于计算的 Key 为 testsecret&，计算得到的签名值为 OLeaidS1JvxuMvnyHOwuJ+uX5qY=。以下示例使用的是 JavaBase64 编码方法：

```
Signature = Base64(HMAC-SHA1(AccessSecret,UTF-8-Encoding-Of(StringToSign)))
```

添加 RFC3986 规则编码后的 Signature=OLeaidS1JvxuMvnyHOwuJ%2BuX5qY%3D 到请求签名的 URL 中：

```
http://ecs.aliyuncs.com/?SignatureVersion=1.0&Action=DescribeRegions&Format=
XML&SignatureNonce=3ee8c1b8-83d3-44af-a94f-4e0ad82fd6cf&Version=2014-05-26&A
ccessKeyId=testid&Signature=OLeaidS1JvxuMvnyHOwuJ%2BuX5qY%3D&SignatureMethod
=HMAC-SHA1&Timestamp=2016-02-23T12%253A46%253A24Z
```

4．返回结果

调用 API 服务后返回数据采用统一格式。返回结果主要有 XML 和 JSON 两种格式，默认为 XML，用户可以指定公共请求参数 Format 变更返回结果的格式。为了便于查看和美观，此处返回示例均有换行和缩进等处理，实际返回结果无换行和缩进处理。

（1）正常返回。

接口调用成功后会返回接口返回参数和请求 ID，称这样的返回为正常返回。HTTP 状态码为 2××。

①XML 示例：

```
<?xml version="1.0" encoding="UTF-8"?>   <!--结果的根节点-->
<ActionResponse>     <!--返回请求标签-->
<RequestId>4C467B38-3910-447D-87BC-AC049166F216</RequestId> <!-- 返回结果数据
-->
</ActionResponse>
```

②JSON 示例：

```
{
    "RequestId": "4C467B38-3910-447D-87BC-AC049166F216"  /* 返回结果数据 */
}
```

（2）异常返回。

接口调用出错后，会返回错误码、错误信息和请求 ID，称这样的返回为异常返回。HTTP 状态码为 4×× 或者 5××。

用户可以根据接口错误码，参考公共错误码以及 API 错误中心排查错误。当无法排查错误时，可以提交工单联系阿里云客服，并在工单中注明服务节点 HostId 和 RequestId。

①XML 示例：

```
<?xml version="1.0" encoding="UTF-8"?>  <!--结果的根节点-->
<Error>
<RequestId>8906582E-6722-409A-A6C4-0E7863B733A5</RequestId><!--请求 ID-->
<HostId>ecs.aliyuncs.com</HostId>  <!--服务节点-->
<Code>UnsupportedOperation</Code>  <!--错误码-->
<Message>The input parameter "CommandId" that is mandatory for processing this
request is not supplied.</Message> <!--错误信息-->
</Error>
```

②JSON 示例：

```
{
    "RequestId": "8906582E-6722-409A-A6C4-0E7863B733A5",  /* 请求 ID */
    "HostId": "ecs.aliyuncs.com",                          /* 服务节点 */
    "Code": "UnsupportedOperation",                        /* 错误码 */
    "Message":"The input parameter "CommandId" that is mandatory for processing
this request is not supplied."     /* 错误信息 */
}
```

12.2　SDK 应用

12.2.1　SDK 概述

SDK（Software Development Kit，软件开发工具包）一般是一些软件工程师为特定的软件包、软件框架、硬件平台、操作系统等建立应用软件时的开发工具的集合。SDK 广义上是指辅助开发某一类软件的相关文档、范例和工具的集合。

阿里云新版 SDK 的文件名通常以"aliyun-XXXX-sdk"开头，后面跟上产品名称（如 ECS），组成如 aliyun-java-sdk-ecs 的包名，其中有一个核心包 aliyun-java-sdk-core，封装了所有产品的 SDK 都会用到的一些类，如 IClientProfile 类、IAcsClient 类、异常类等，产品相关的类均以产品为单位打包成不同名称的 jar 包。

12.2.2　SDK 使用方法

下面以 ECS Java SDK 获得镜像的方法 DescribeImages 为例，说明 SDK 使用的完整流程，其中 IClientProfile 和 IAcsClient 两个类包含在 aliyun-java-sdk-core 包中，其他的类均包含在 aliyun-java-sdk-ecs 包中。

（1）生成 IClientProfile 的对象 profile，该对象存放 Access Key ID 和 Access Key Secret 及默认的地域信息。

```
IClientProfile profile = DefaultProfile.getProfile("cn-hangzhou", ak, aks);
//ak 是用户的 Access Key, aks 是用户的 Access Key Secret
```

（2）从 IClientProfile 类中再生成 IAcsClient 的对象 client，后续的 response 都需要从 IClientProfile 中获得。

```
IAcsClient client = new DefaultAcsClient(profile);
```

（3）创建一个对应方法的 Request，类的命名规则一般为 API 的方法名加上"Request"，如获得镜像列表的 API 方法名为 DescribeImages，那么对应的请求类名就是 DescribeImagesRequest，直接使用构造函数生成一个默认的类 describe。

```
DescribeImagesRequest describe = new DescribeImagesRequest();
```

（4）请求类生成好之后需要通过 Request 类的 setXXX 方法设置必要的信息，即 API 参数中必须提供的信息，DescribeImages 的 API 方法必须提供的参数为 RegionId，该值可以省略，因为 IClientProfile 中已经提供了地域信息。同样地，也可以通过 setXXX 方法设置其他可选的参数，如这里设置要查询的镜像为自定义镜像，则设置 ImageOwnerAlias 的值为"self"（self 即表示查询自定义镜像）。

```
describe.setImageOwnerAlias("self");
```

（5）参数设置完毕就可以通过 IAcsClient 对象来获得对应 Request 的响应。

```
DescribeImagesResponse response= client.getAcsResponse(describe);
```

（6）接着可以调用 response 中对应的 getXXX 方法获得返回的参数值了，如获得某个镜像的名字。根据 API 方法的不同，返回的信息中可能会包含多层的信息，如获得镜像列表这个方法，返回的信息中镜像是以一个集合来表示的，集合中存放了每个镜像的信息。对于 Java SDK 而言，存放镜像信息的就是一个列表，需要先通过 getImages()获得 Image 对象的集合，然后再通过遍历等方法取得其中某个镜像的信息，之后调用 getXXX 方法获得具体的信息。

```
for(Image image:response.getImages())
{
    System.out.println(image.getImageId());
    System.out.println(image.getImageName());
}
```

至此，一个完整的调用就完成了。

PHP 的 SDK 和 Java 的类似，可以归纳为：

①创建 profile。

②创建 client。

③创建 request。

④设置 request 的参数。

⑤使用 client 对应的方法传入 request，获得 response。

⑥在 response 中获得返回的参数值。

Python 的 SDK 省略了创建 profile 这一步，直接创建 client，然后执行后面的步骤即可。

任务 12.1　使用 SDK 管理阿里云云服务器 ECS

任务的实施将基于阿里云、腾讯云和华为云的平台完成，本文以阿里云平台操作描述为主线，华为云和腾讯云平台操作的任务实践，请扫描二维码，浏览电子活页中的操作任务进行学习和实践。

华为云

1．任务描述

使用 Maven 下载云服务器 ECS 的 SDK，然后通过 API 对"慕课云"的云服务器 ECS 进行信息查看、基本信息修改、重启、停止等操作。

2．任务目标

（1）学会使用 Maven 下载阿里云产品的 SDK。

（2）学会使用 SDK 管理阿里云云服务器 ECS。

3．任务实施

【准备】

登录阿里云 ECS 管理控制台。

【步骤】

（1）安装 Maven。

从 Apache 官网下载 Maven，下载地址为 http://maven.apache.org/download.cgi，如图 12.1 所示。

Files

Maven is distributed in several formats for your convenience. Simply pick a ready-made binary distribution archive and follow the installation instructions. Use a source archive if you intend to build Maven yourself.

In order to guard against corrupted downloads/installations, it is highly recommended to verify the signature of the release bundles against the public KEYS used by the Apache Maven developers.

	Link	Checksum	Signature
Binary tar.gz archive	apache-maven-3.3.9-bin.tar.gz	apache-maven-3.3.9-bin.tar.gz.md5	apache-maven-3.3.9-bin.tar.gz.asc
Binary zip archive	apache-maven-3.3.9-bin.zip	apache-maven-3.3.9-bin.zip.md5	apache-maven-3.3.9-bin.zip.asc
Source tar.gz archive	apache-maven-3.3.9-src.tar.gz	apache-maven-3.3.9-src.tar.gz.md5	apache-maven-3.3.9-src.tar.gz.asc
Source zip archive	apache-maven-3.3.9-src.zip	apache-maven-3.3.9-src.zip.md5	apache-maven-3.3.9-src.zip.asc

- Release Notes
- Reference Documentation
- Apache Maven Website As Documentation Archive
- All sources (plugins, shared libraries, ...) available at https://www.apache.org/dist/maven/
- Distributed under the Apache License, version 2.0

图 12.1　下载 Maven

将下载完成的安装包解压到工作目录下，如 E:\开发\apache-maven-3.3.9，配置环境变量 MAVEN_HOME，再把%MAVEN_HOME%\bin 配置到 Path 中，如图 12.2 所示。

在 Windows 命令提示符下，输入"mvn -v"命令进行测试，如图 12.3 所示。

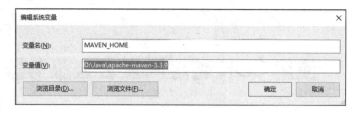

图 12.2　配置环境变量

图 12.3　Windows 命令提示符

（2）在 Eclipse 中配置 Maven。

打开 Eclipse，依次单击"Windows"→"Preferences"命令，在打开的"Preferences"对话框的左侧窗格中单击"Maven"，以展开 Maven 的配置界面，如图 12.4 所示。

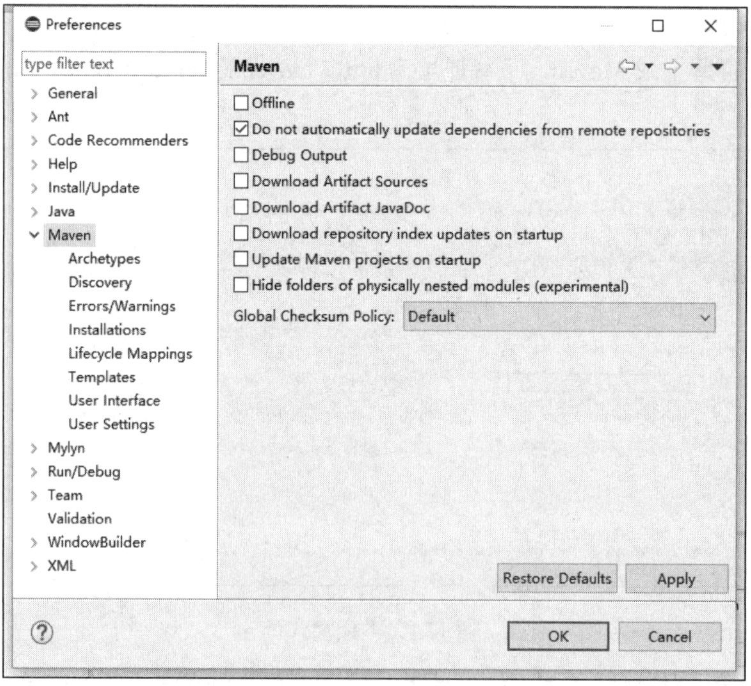

图 12.4　Maven 的配置界面

在 Preferences 设置界面左侧窗格中单击"Maven"下面的"Installations"选项，然后单击"Add"按钮，如图 12.5 所示。

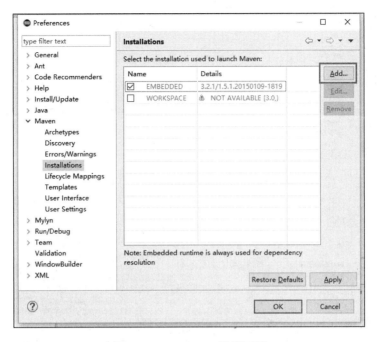

图 12.5　Preferences 设置页面

在打开的"New Maven Runtime"界面，选择步骤（1）中 Maven 的安装路径，然后单击"Finish"按钮，如图 12.6 和图 12.7 所示。

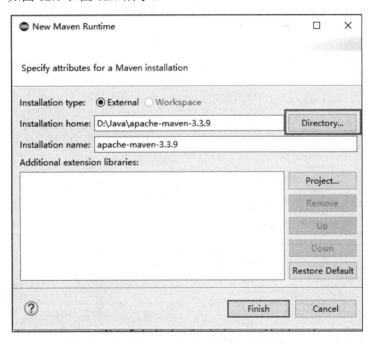

图 12.6　选择安装路径

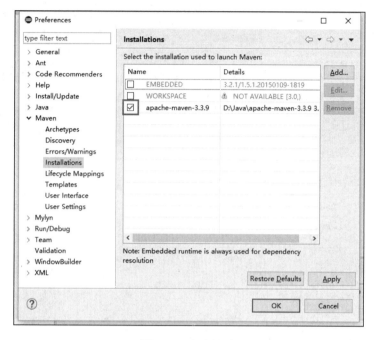

图 12.7　完成设置

在如图 12.4 所示界面中单击"Maven"下面的"User Settings"选项，然后单击"Browse"按钮，如图 12.8 所示。

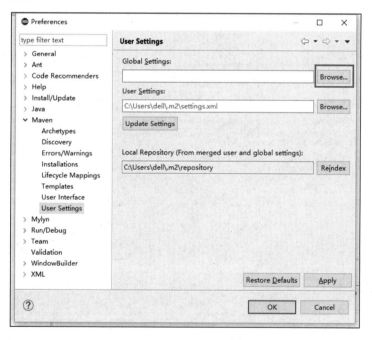

图 12.8　User Settings 设置

选择 Maven 安装目录下的 settings.xml 文件，如图 12.9 所示。

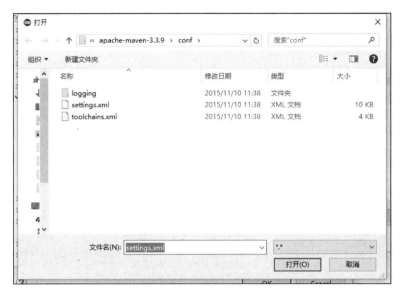

图 12.9　选择 settings.xml 文件

User Settings 设置完成，如图 12.10 所示。

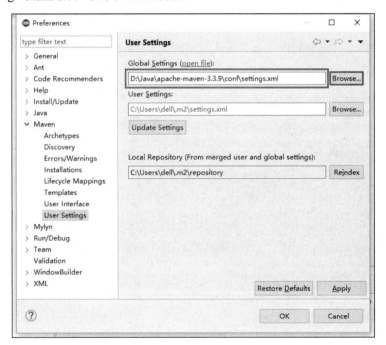

图 12.10　User Settings 设置完成

（3）创建 Maven 项目。

在 Eclipse 中依次单击"File"→"New"命令，在弹出的"New"对话框中单击"Maven Project"选项，如图 12.11 所示，单击"Next"按钮。

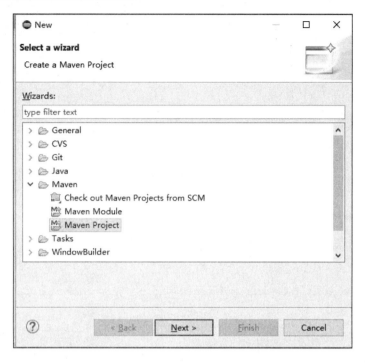

图 12.11 "New"对话框

在打开的"New Maven Project"界面中选中"Create a simple project（skip archetype selection）"复选框，然后单击"Next"按钮，如图 12.12 所示。

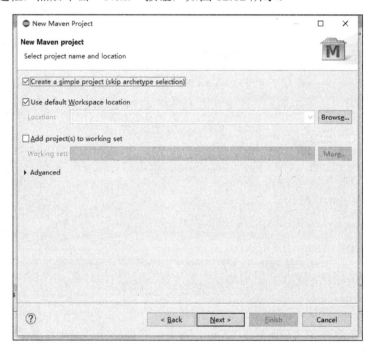

图 12.12 "New Maven Project"界面

然后在打开的对话框中填写 Group Id 和 Artifact Id，Version 默认，Packaging 默认为 jar，Name、Description 为选填项，其他参数可不填，然后单击"Finish"按钮，如图 12.13 所示。

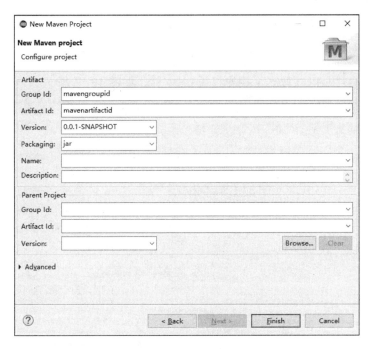

图 12.13　配置参数

完成后可以看到 Maven 项目，如图 12.14 所示。

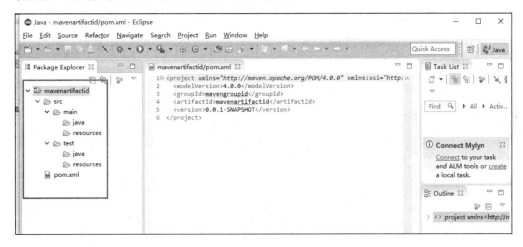

图 12.14　Maven 项目

编辑 Maven 项目中的 pom.xml，在<dependencies>中加入以下内容并保存：

```
<dependencies>
  <dependency>
      <groupId>com.aliyun</groupId>
      <artifactId>aliyun-java-sdk-ecs</artifactId>
      <optional>true</optional>
      <version>4.9.0</version>
  </dependency>
<dependency>
      <groupId>com.aliyun</groupId>
      <artifactId>aliyun-java-sdk-core</artifactId>
      <optional>true</optional>
```

```
        <version>3.7.1</version>
    </dependency>
</dependencies>
```

刷新 Maven 项目，可以看到下载的相关 jar 文件，如图 12.15 所示。

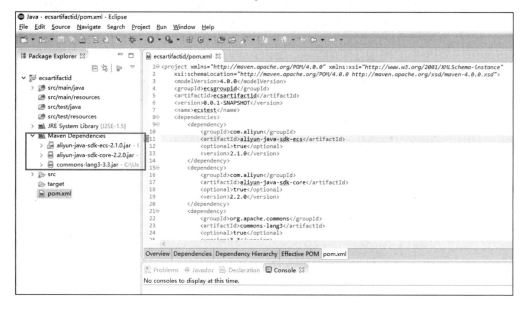

图 12.15　刷新 Maven 项目

（4）使用 API 管理云服务器 ECS。

运行 Java 代码，如下所示：

```java
import java.util.List;
import com.aliyuncs.DefaultAcsClient;
import com.aliyuncs.IAcsClient;
import com.aliyuncs.ecs.model.v20140526.*;
import com.aliyuncs.ecs.model.v20140526.DescribeInstancesResponse.Instance;
import com.aliyuncs.profile.*;

public class ECSDemo {
        static ECSDemo ecs = new ECSDemo();
        private static IAcsClient client;
        static {
            String regionId = "cn-huhehaote";
            String accessKeyId = "LTAI********fOMT";
            String accessKeySecret = "Kqrp*******************AIJO";
            IClientProfile profile = DefaultProfile.getProfile(regionId,
                    accessKeyId, accessKeySecret);
            client = new DefaultAcsClient(profile);
        }
        public static void main(String[] args) {
            ecs.listInstances();
            String instanceId="i-hp340vx49u55qqr84lcp";
            ecs.modifyInstance(instanceId);
//          ecs.rebootInstance(instanceId);
//          ecs.stopInstance(instanceId);
//          ecs.startInstance(instanceId);
            ecs.listInstances();
        }
```

```java
    /**
     * 查询实例列表
     */
    public void listInstances() {
        DescribeInstancesRequest        describeInstances        =        new
DescribeInstancesRequest();
        describeInstances.setRegionId("cn-huhehaote");
        try {
            DescribeInstancesResponse describeInstancesResponse = client
                    .getAcsResponse(describeInstances);
            List<Instance>     list     =     describeInstancesResponse.
getInstances();// 取得实例 ID
            if (list != null) {// 创建成功
                System.out.println("ECS 实例数: " + list.size());
                for (Instance l : list) {
                    System.out.println("ID: " + l.getInstanceId());
                    System.out.println("实例状态: " + l.getStatus());
                    System.out.println(" 实  例  名  称 :  "  +
l.getInstanceName());
                }
            } else {// 获取失败
                System.out.println("查询实例列表失败");
            }
        } catch (Exception e) {
            System.out.println("查询实例列表异常");
        }
    }
    /**
     * 修改实例
     */
    public void modifyInstance(String instanceId) {
        ModifyInstanceAttributeRequest  modifyInstanceAttributeRequest
= new ModifyInstanceAttributeRequest();
        modifyInstanceAttributeRequest.setInstanceId(instanceId);
        modifyInstanceAttributeRequest.setPassword("Mooccloudtest");
        modifyInstanceAttributeRequest.setInstanceName("慕课云");
        try {
            ModifyInstanceAttributeResponse
modifyInstanceAttributeResponse = client
                    .getAcsResponse(modifyInstanceAttributeRequest);
            System.out.println("修改实例完成");
        } catch (Exception e) {
            System.out.println("修改实例异常");
        }
    }
    /**
     * 重启实例
     */
    public void rebootInstance(String instanceId) {
        RebootInstanceRequest        rebootInstanceRequest        =        new
RebootInstanceRequest();
        rebootInstanceRequest.setInstanceId(instanceId);
        try {
            RebootInstanceResponse rebootInstanceResponse = client
                    .getAcsResponse(rebootInstanceRequest);
        } catch (Exception e) {
            System.out.println("重启实例异常");
        }
```

```
        }
        /**
         * 停止实例
         */
        public void stopInstance(String instanceId) {
            StopInstanceRequest        stopInstanceRequest        =        new
StopInstanceRequest();
            stopInstanceRequest.setInstanceId(instanceId);
            try {
                StopInstanceResponse stopInstanceResponse = client
                        .getAcsResponse(stopInstanceRequest);
            } catch (Exception e) {
                System.out.println("停止实例异常");
            }
        }
        /**
         * 启动实例
         */
        public void startInstance(String instanceId) {
            StartInstanceRequest        startInstanceRequest        =        new
StartInstanceRequest();
            startInstanceRequest.setInstanceId(instanceId);
            try {
                StartInstanceResponse startInstanceResponse = client
                        .getAcsResponse(startInstanceRequest);
            } catch (Exception e) {
                System.out.println("启动实例异常");
            }
        }
    }
```

12.3 云产品运维工具箱 CLI

12.3.1 CLI 概述

阿里云命令行工具（Command Line Interface，CLI）是基于阿里云开放 API 建立的用于管理阿里云服务的统一管理工具。借助这个工具，可以很方便地调用阿里云开放 API，管理阿里云产品。阿里云命令行工具与阿里云 OpenAPI 是一一对应的，且灵活性高也易于扩展。所以，可以基于阿里云命令行工具对阿里云原生的 API 进行封装，扩展出自己想要的功能。阿里云 CLI 具有以下特色功能。

1. 云资源管理

用户可以直接通过命令行的方式调用各云产品 API，无须登录控制台，就可以对用户的云资产进行管理和维护。

2. 多产品集合

阿里云命令行工具包含了 ECS、RDS、SLB 等阿里云基础设施产品的功能，能够在同一个命令行下完成所有的基础产品的配置和管理工作，做到真正的多产品集成。

3．多版本 OpenAPI 兼容

阿里云命令行工具全面兼容各产品不同版本 OpenAPI，用户可以通过命令行工具直接进行版本切换，方便快捷。

4．命令自动补全

阿里云命令行工具提供了丰富的帮助支持以及命令自动补齐功能，无须记忆复杂的产品命令即可轻松完成操作，提供主动在线更新检查，提醒用户自主升级。

5．多账户支持

阿里云命令行工具提供了多账户支持，可以在一个工具中定义不同的账户，定制不同的执行权限，满足权限分层分级的需求。

6．在线帮助和更新

阿里云命令行工具提供了 help 命令获得当前可用的操作以及当前操作可用的参数信息，用户无须记忆复杂参数，可以一边查阅一边使用，当 SDK 发生更新时可在线实时升级。

7．多种格式输出

阿里云命令行工具提供了多种输出格式，包含 Text、JSON 以及 Table 格式，可以由用户灵活地掌控所需要的输出格式。

8．多平台支持

阿里云命令行工具支持在 Windows、Mac、Linux/UNIX 等多系统上安装使用，满足不同系统类型开发者需求。

12.3.2 CLI 的安装和配置

1．CLI 安装

阿里云命令行工具 CLI 支持在多种系统上安装和使用。用户可以通过下载安装包（目前阿里云提供三种版本：Windows、Linux 和 MacOS（x64 版本））或者直接编译源码的方式来安装阿里云 CLI。

（1）下载安装包安装 CLI 方式。

● Windows 平台

在 Windows 平台上安装阿里云 CLI 的操作步骤如下：

①用户可以登录阿里云官网或者 GitHub 的下载页面，下载名为 aliyun-cli-windows-3.0.16-amd64.zip 的 Windows 终端安装包。

②解压 aliyun-cli-windows-3.0.16-amd64.zip 文件，获取名为 aliyun.exe 的可执行文件。

③配置环境变量。需要将 aliyun.exe 文件所在目录的路径添加到 Path 环境变量中。

在环境变量配置完成后，打开终端并执行以下命令查看环境变量是否配置成功：

```
set path
```

④在终端执行如下命令，验证阿里云 CLI 是否安装成功（系统显示类似 CLI 当前版本号，则表示安装成功）：

```
aliyun version
```

● Linux 平台

在 Linux 平台上安装阿里云 CLI 的操作步骤如下：

①用户可以登录官网或者 GitHub 的下载页面，下载名为 aliyun-cli-linux-3.0.16-amd64.tgz 的 Linux 终端安装包。

②执行如下命令，解压 aliyun-cli-linux-3.0.16-amd64.tgz 文件，获取名为 aliyun 的可执行文件（假设已经下载到了 $HOME/aliyun 目录中，并解压到此目录下）：

```
cd  $HOME/aliyun
tar xzvf aliyun-cli-linux-3.0.16-amd64.tgz
```

③执行如下命令，将 aliyun 程序移至/usr/local/bin 目录中（注意：如果用户是 root 用户，请移除 sudo 命令）：

```
sudo cp aliyun /usr/local/bin
```

● MacOS 平台

在 MacOS 平台上安装阿里云 CLI 的操作步骤如下：

①用户可以登录官网或者 GitHub 的下载页面，下载名为 aliyun-cli-macosx-3.0.16-amd64.tgz 的 MacOS 终端安装包。

②执行如下命令，解压 aliyun-cli-macosx-3.0.16-amd64.tgz 文件，获取名为 aliyun 的可执行文件（假设已经下载到了 $HOME/aliyun 目录中，并解压到此目录下）：

```
cd  $HOME/aliyun
tar xzvf aliyun-cli-macosx-3.0.16-amd64.tgz
```

③执行如下命令，将 aliyun 程序移至/usr/local/bin 目录中（注意：如果用户是 root 用户，请移除 sudo 命令）：

```
sudo cp aliyun /usr/local/bin
```

（2）编译源码安装 CLI 方式。

在编译阿里云 CLI 源码之前，请确保用户已满足两个条件：第一个条件是已安装软件 Golang 1.10 及以上版本和 git；第二个条件是已配置 GOPATH 环境变量。

编译源码安装 CLI 的操作步骤如下。

①执行如下命令，下载 aliyun-cli 源码：

```
go get -u github.com/aliyun/aliyun-cli
```

②执行如下命令，下载 aliyun-openapi-meta 源码：

```
go get -u github.com/aliyun/aliyun-openapi-meta
```

③执行如下命令，下载并安装 go-bindata 打包工具：

```
go get -u github.com/jteeuwen/go-bindata/...
```

④执行如下命令，进入 aliyun-cli 项目目录：

```
cd $GOPATH/src/github.com/aliyun/aliyun-cli
```

⑤执行如下命令，打包 aliyun-openapi-meta 内的文件：

```
go-bindata -o resource/metas.go -pkg resource -prefix .. /aliyun-openapi-
meta .. /aliyun-openapi-meta/...
```

⑥选择并执行系统相应的命令，编译源码。

Linux 或 MacOS 系统：

```
go build -o out/aliyun main/main.go
```

Windows 系统：

```
go build -o out/aliyun.exe main/main.go
```

注意：编译时，默认版本号是 0.0.1。若想指定版本号，请使用-ldflags 选项。

执行如下命令，指定版本号并进行编译（本示例使用 3.0.16 版本号）：

```
go build -ldflags "-X 'github.com/aliyun/aliyun-cli/cli.Version=3.0.16'" -o
out/aliyun main/ main.go
```

⑦编译完成后，用户需要将生成的二进制文件所在目录的路径添加到 Path 环境变量中，或者将该文件移动到 Path 环境变量目录中。

⑧运行 aliyun 命令，测试阿里云 CLI 是否安装成功。

系统显示类似如下阿里云 CLI 工具的相关帮助信息（部分截取），表示安装成功：

```
Alibaba Cloud Command Line Interface Version 3.0.16

  Usage:
    aliyun <product> <operation> [--parameter1 value1 --parameter2 value2 ...]

  Commands:
    configure        configure credential and settings
    oss              Object Storage Service
    auto-completion  enable auto completion

  Flags:
    --mode                                                   use      `--mode
{AK|StsToken|RamRoleArn|EcsRamRole|RsaKeyPair}` to assign authenticate mode
    --profile,-p     use `--profile <profileName>` to select profile
    --language       use `--language [en|zh]` to assign language
    --region         use `--region <regionId>` to assign region
    --config-path    use `--config-path` to specify the configuration file
path
    --access-key-id      use `--access-key-id <AccessKeyId>` to assign
AccessKeyId, required in AK/StsToken/RamRoleArn mode
    --access-key-secret use `--access-key-secret <AccessKeySecret>`to assign
AccessKeySecret
    --sts-token      use `--sts-token <StsToken>` to assign StsToken
    --ram-role-name      use `--ram-role-name <RamRoleName>` to assign
RamRoleName
    --ram-role-arn       use `--ram-role-arn <RamRoleArn>` to assign RamRoleAr
    ...
```

2. CLI 配置

在使用阿里云 CLI 进行服务器访问和管理云服务之前，用户需要进行配置凭证信息、地域、语言，配置环境变量等操作，具体配置步骤如下。

（1）配置凭证。

在使用阿里云 CLI 之前，用户需要配置调用阿里云资源所需的凭证信息、地域、语言等。

①凭证类型。

阿里云 CLI 可通过在 configure 命令后添加--mode <authenticationMethod>选项的方式，来

使用不同的认证方式。目前支持的 4 种凭证类型如表 12.4 所示。

表 12.4　4 种凭证类型

验 证 方 式	说　明	交互式配置（快速）	非交互式配置
AK	使用 Access Key ID/Secret 访问	配置 AccessKey 凭证	配置 AccessKey 凭证
StsToken	使用 STS Token 访问	配置 STS Token 凭证	配置 STS Token 凭证
RamRoleArn	使用 RAM 子账号的 AssumeRole 方式访问	配置 RamRoleArn 凭证	配置 RamRoleArn 凭证
EcsRamRole	在 ECS 实例上通过 EcsRamRole 实现免密验证	配置 EcsRamRole 凭证	配置 EcsRamRole 凭证

注意：除了 EcsRamRole 凭证无须 AccessKey 信息，其他 3 种都需要 AccessKey 信息。

②配置凭证方式。

阿里云 CLI 中配置凭证有两种方式：交互式配置（快速配置）和非交互式配置。

第一种方式：交互式配置（快速配置）。

在配置凭证过程中，无须指定凭证对应的选项，只需根据提示信息输入相应的值即可。该配置方式会对凭证的有效性进行校验，无论凭证是否有效，都将写入配置文件。

交互式配置使用 configure 命令来配置凭证。其命令格式如下：

```
aliyun configure --mode <AuthenticateMode> --profile <profileName>
```

配置选项说明如下：

--profile：指定配置名称。如果指定的配置存在，则修改配置；若不存在，则创建配置。

--mode：指定凭证类型，分别为 AccessKey、STS Token、RamRoleArn 和 EcsRamRole。

注意：此配置方式的交互式提示信息中包含 AccessKey 信息、RegionId 等。请配置正确的 AccessKey 信息，否则可能会造成误操作或者无法调用接口。关于阿里云支持的 RegionId，请参见阿里云官方文档。

配置完成后，若配置凭证有效，则显示如下信息：

```
Configure Done!!!
.........8888888888888888888888.........=8888888888888888888D=.......
........888888888888888888888888.............D8888888888888888888888I
........,8888888888888ZI:..........................=Z88D8888888888D...
.....+88888888.......................................88888888D.......
.....+88888888......Welcome to use Alibaba Cloud......O8888888D.......
.....+88888888......*************.....O8888888D.......
.....+88888888 .... Command Line Interface(Reloaded) ....O8888888D.......
.....+88888888........................................88888888D.......
.....D888888888888DO+.                          ?ND888888888888D.......
.....O88888888888888888888.........D88888888888888888888=.......
........:D8888888888888888888.........78888888888888888888880O
```

以下是具体的 4 种类型的配置凭证实例。

● 配置 AccessKey 凭证

在阿里云 CLI 中，AccessKey 凭证类型被命名为 AK 且为默认凭证类型。因此，使用该方式快速配置凭证时，可以忽略--mode 选项。以下示例是配置名为"akProfile"的 AccessKey 凭证：

```
aliyun configure --profile akProfile
Configuring profile 'akProfile' in '' authenticate mode...
Access Key Id []: AccessKey ID
```

```
Access Key Secret []: AccessKey Secret
Default Region Id []: cn-hangzhou
Default Output Format [json]: json (Only support json))
Default Language [zh|en]: en:
Saving profile[akProfile] ...Done.
```

● 配置 STS Token 凭证

使用 STS Token 凭证类型访问阿里云时，需要指定--mode StsToken 选项。以下示例是配置名为"stsTokenProfile"的 STS Token 凭证：

```
aliyun configure --profile stsTokenProfile --mode StsToken
Configuring profile 'stsTokenProfile' in 'StsToken' authenticate mode...
Access Key Id []: AccessKey ID
Access Key Secret []: AccessKey Secret
Sts Token []: StsToken
Default Region Id []: cn-hangzhou
Default Output Format [json]: json (Only support json))
Default Language [zh|en]: en:
Saving profile[stsTokenProfile] ...Done.
```

● 配置 RamRoleArn 凭证

使用 RamRoleArn 凭证类型访问阿里云时，需要指定--mode RamRoleArn 选项。以下示例是配置名为"ramRoleArnProfile"的 RamRoleArn 凭证：

```
aliyun configure --profile ramRoleArnProfile --mode RamRoleArn
Configuring profile 'ramRoleArnProfile' in 'RamRoleArn' authenticate mode...
Access Key Id []: AccessKey ID
Access Key Secret []: AccessKey Secret
Ram Role Arn []: RamRoleArn
Role Session Name []: RoleSessionName
Default Region Id []: cn-hangzhou
Default Output Format [json]: json (Only support json))
Default Language [zh|en]: en:
Saving profile[ramRoleArnProfile] ...Done.
```

● 配置 EcsRamRole 凭证

使用根据 ECS 实例绑定的角色 EcsRamRole 凭证类型访问阿里云时，需要指定--mode EcsRamRole 选项。以下示例是配置名为"ecsRamRoleProfile"的 EcsRamRole 凭证：

```
aliyun configure --profile ecsRamRoleProfile --mode EcsRamRole
Configuring profile 'ecsRamRoleProfile' in 'EcsRamRole' authenticate mode...
Ecs Ram Role []: EcsRamRole
Default Region Id []: cn-hangzhou
Default Output Format [json]: json (Only support json))
Default Language [zh|en]: en:
Saving profile[ecsRamRoleProfile] ...Done.
```

第二种方式：非交互式配置。

非交互式配置凭证过程中除了需要指定配置名称和凭证类型，还需指定对应凭证所需的鉴权信息。该配置方式将直接更改配置文件内容，且不对凭证有效性进行校验。

非交互式配置使用 configure 命令下的 set 子命令来配置凭证，其命令格式如下：

```
aliyun configure set [-profile <profileName>] [-region <regionId>] . [凭证选项]
```

常见的通用选项如下，其适用于任一凭证类型。

--profile（必选）：指定配置名称。如果指定的配置存在，则修改配置；若不存在，则创建配置。

　　--region（必选）：指定默认区域的 RegionId。关于阿里云支持的 RegionId，请参见阿里云官方文档。

　　--language：指定阿里云 CLI 显示的语言，默认为英语。

　　--mode：指定配置的凭证类型，默认为 AccessKey。

　　以下是具体的 4 种类型的配置凭证实例。

　　● 配置 AccessKey 凭证

　　除必需选项外，AccessKey 凭证类型还需要指定的凭证选项如下：

　　--access-key-id：指定用户的 AccessKey ID。

　　--access-key-secret：指定用户的 AccessKey Secret。

　　以下示例命令是配置名为"akProfile"的 AccessKey 凭证：

```
aliyun configure set \
  --profile akProfile \
  --mode AK \
  --region cn-hangzhou \
  --access-key-id AccessKeyId \
  --access-key-secret AccessKeySecret
```

　　● 配置 STS Token 凭证

　　除必需选项外，STS Token 凭证类型还需要指定的凭证选项如下：

　　--access-key-id：指定用户的 AccessKey ID。

　　--access-key-secret：指定用户的 AccessKey Secret。

　　--mode StsToken：指定凭证类型为 StsToken。

　　--sts-token：指定 STS Token 鉴权所需要的信息。

　　以下示例命令是配置名为"stsTokenProfile"的 STS Token 凭证：

```
aliyun configure set \
  --profile stsTokenProfile \
  --mode StsToken \
  --region cn-hangzhou \
  --access-key-id AccessKeyId \
  --access-key-secret AccessKeySecret \
  --sts-token StsToken
```

　　● 配置 RamRoleArn 凭证

　　除必需选项外，RamRoleArn 凭证类型还需要指定的凭证选项如下。

　　--access-key-id：指定用户的 AccessKey ID。

　　--access-key-secret：指定用户的 AccessKey Secret。

　　--mode RamRoleArn：指定凭证类型为 RamRoleArn。

　　--ram-role-arn：指定 RamRoleArn 鉴权所需要的信息。

　　--role-session-name：指定用户的 RoleSessionName。

　　以下示例命令是配置名为"ramRoleArnProfile"的 RamRoleArn 凭证：

```
aliyun configure set \
  --profile ramRoleArnProfile \
  --mode RamRoleArn \
  --region cn-hangzhou \
  --access-key-id AccessKeyId \
```

```
--access-key-secret AccessKeySecret \
--ram-role-arn RamRoleArn \
--role-session-name RoleSessionName
```

● 配置 EcsRamRole 凭证

除必需选项外，EcsRamRole 凭证类型还需要指定--ram-role-name 选项，用来指定绑定到用户 ECS 实例上的角色。以下示例命令是配置名为"ecsRamRoleProfile"的 EcsRamRole 凭证：

```
aliyun configure set \
  --profile ecsRamRoleProfile \
  --mode EcsRamRole \
  --ram-role-name RoleName \
  --region cn-hangzhou
```

（2）其他 configure 命令操作。

阿里云 CLI 配置凭证的其他操作命令介绍如下。

①列出所有配置的概要信息。

执行如下命令，将返回各配置的概要信息：

```
aliyun configure list
```

系统显示类似如下信息，其中，包含配置名称、加密后的鉴权信息、语言、默认 Region，以及当前默认的配置（配置名称右上角有星号标记）。

```
Profile             | Credential          | Valid   | Region       | Language
---------           | ------------------  | ------- | -----------  | --------
akProfile *         | AK:***yId           | Valid   | cn-hangzhou  | en
stsTokenProfile     | StsToken:***yId     | Valid   | cn-hangzhou  | en
ramRoleArnProfile   | RamRoleArn:***yId   | Valid   | cn-hangzhou  | en
ecsRamRoleProfile   | EcsRamRole:EcsRamRole | Valid | cn-hangzhou  | en
```

②获取某一配置的详细信息。

执行如下命令，获取默认配置信息：

```
aliyun configure get
```

执行如下命令，获取指定配置名称的配置信息：

```
aliyun configure get --profile akProfile
```

其中，选项--profile 用于指定要获取配置的名称。

若配置的 akProfile 已存在，将返回此配置的信息：

```
{
    "name": "akProfile",
    "mode": "AK",
    "access_key_id": "AccessKeyId",
    "access_key_secret": "AccessKeySecret",
    "sts_token": "",
    "ram_role_name": "",
    "ram_role_arn": "",
    "ram_session_name": "",
    "private_key": "",
    "key_pair_name": "",
    "expired_seconds": 0,
    "verified": "",
    "region_id": "cn-hangzhou",
    "output_format": "json",
```

```
        "language": "en",
        "site": "",
        "retry_timeout": 0,
        "retry_count": 0
}
```

若配置的 akProfile 不存在，则返回配置中各字段的默认值：

```
profile akProfile not found!{
        "name": "akProfile",
        "mode": "",
        "access_key_id": "",
        "access_key_secret": "",
        "sts_token": "",
        "ram_role_name": "",
        "ram_role_arn": "",
        "ram_session_name": "",
        "private_key": "",
        "key_pair_name": "",
        "expired_seconds": 0,
        "verified": "",
        "region_id": "",
        "output_format": "",
        "language": "",
        "site": "",
        "retry_timeout": 0,
        "retry_count": 0
}
```

③删除指定配置。

执行如下命令，删除名为"akProfile"的配置：

```
aliyun configure delete --profile akProfile
```

其中，选项--profile 用于指定要删除配置的名称。

（3）使用 HTTP 代理。

在使用 HTTP 代理服务器访问和管理云服务之前，用户需要配置环境变量 http_proxy 和
https_proxy。

①配置 http_proxy 环境变量。

选择系统对应的配置方式，并执行类似如下命令，配置 http_proxy 环境变量：

● Linux/UNIX 和 MacOS 系统

```
export http_proxy=http://192.168.1.2:1234
export http_proxy=http://proxy.example.com:1234
```

● Windows 系统

```
setx http_proxy http://192.168.1.2:1234
set  http_proxy=http://proxy.example.com:1234
```

②配置 https_proxy 环境变量。

选择系统对应的配置方式，并执行类似如下命令，配置 https_proxy 环境变量：

● Linux/UNIX 和 MacOS 系统

```
export https_proxy=http://192.168.1.2:5678
export https_proxy=http://proxy.example.com:5678
```

● Windows 系统

```
set https_proxy=http://192.168.1.2:5678
set https_proxy=http://proxy.example.com:5678
```

（4）命令自动补全功能。

使用阿里云 CLI 时，可以启用或关闭自动补全功能，目前仅支持 zsh/bash 自动补全功能。命令格式如下：

● 启用自动补全功能

```
aliyun auto-completion
```

● 关闭自动补全功能

```
aliyun auto-completion --uninstall
```

12.3.3　CLI 使用方法

1．使用方法

（1）命令行结构。

阿里云命令行工具使用的结构如下：第一部分是阿里云工具名。第二部分指定一个顶级命令，通常表示阿里云命令行工具中支持的阿里云的基础服务（如 ECS/RDS/MTS 等），也可以是工具本身的命令（"help""configure"）等。每个阿里云服务均拥有指定要执行的操作的附加子命令，也就是具体的某一项操作。在操作之后，是这个操作具体对应的参数列表，参数列表的顺序不会对命令的使用产生影响。

```
$ aliyuncli <command> <subcommand> [options and parameters]
```

参数可采用各种类型的输入值，如数字、字符串、列表、映射和 JSON 结构，例如：

```
$ aliyuncli rds DescribeDBInstances --PageSize 50
$ aliyuncli ecs DescribeRegions
$ aliyuncli rds DescribeDBInstanceAttribute --DBInstanceId xxxxxx
```

（2）全局参数。

阿里云命令行工具执行时，支持全局参数的临时设置，用户可以根据需要调整。目前支持的全局参数如下。

--AccessKeyId：指定当前命令执行时 API 请求中的 AccessKey ID。如果不指定或者值为空，则使用默认的全局 AccessKey ID。

--AccessKeySecret：指定当前命令执行时 API 请求中的 AccessKey Secret。如果不指定或者值为空，则使用默认的全局 AccessKey Secret。

--RegionId：指定当前命令执行时 API 请求对应的 Region。如果不指定，则会用全局的 RegionId。

--output：指定当前命令执行时要显示的格式。

--profile：指定当前命令执行时采用的账户信息是哪一个。如果指定的账户信息不存在，则会选择默认账户信息。另外，如果"--profile"和其他全局参数同时出现，则优先级低于其他全局参数。例如，"--profile"和"--AccessKeyId"同时出现，优先选择"--AccessKeyId"作为"Access Key"。

--version：指定当前命令执行时采用的产品 OpenAPI 版本信息。如果没有配置，那么执行命令时会选择当前系统安装的最新的版本去执行。

```
$ aliyuncli --verion
2.0.1
```

（3）查看在线帮助。

阿里云命令行工具为了便于用户使用，提供了在线帮助命令，用户可以通过“help”命令查看和了解。

例如，查看 ECS 支持的所有操作，命令如图 12.16 所示。

```
-bash-4.1$ aliyuncli ecs help
usage: aliyuncli <command> <operation> [options and parameters]
[ecs] valid operations as follows:

AbsConfigService             | AllocateEipAddress
AllocatePublicIpAddress      | AssociateEipAddress
AttachDisk                   | AuthorizeSecurityGroup
BindIpRange                  | CreateDisk
CreateImage                  | CreateInstance
CreateRouteEntry             | CreateSecurityGroup
CreateSnapshot               | CreateVSwitch
CreateVpc                    | DeleteDisk
DeleteImage                  | DeleteInstance
DeleteRouteEntry             | DeleteSecurityGroup
DeleteSnapshot               | DeleteVSwitch
DeleteVpc                    | DescribeAutoSnapshotPolicy
DescribeDisks                | DescribeEipAddresses
DescribeEipMonitorData       | DescribeImages
DescribeInstanceAttribute    | DescribeInstanceMonitorData
DescribeInstanceStatus       | DescribeInstanceTypes
DescribeInstances            | DescribeRegions
DescribeRouteTables          | DescribeSecurityGroupAttribute
DescribeSecurityGroups       | DescribeSnapshots
DescribeVRouters             | DescribeVSwitches
DescribeVpcs                 | DescribeZones
DetachDisk                   | JoinSecurityGroup
LeaveSecurityGroup           | ModifyAutoSnapshotPolicy
ModifyDiskAttribute          | ModifyEipAddressAttribute
ModifyInstanceAttribute      | ModifyInstanceNetworkSpec
ModifyInstanceVpcAttribute   | ModifySecurityGroupAttribute
ModifyVRouterAttribute       | ModifyVSwitchAttribute
ModifyVpcAttribute           | ReInitDisk
RebootInstance               | ReleaseEipAddress
ReplaceSystemDisk            | ResetDisk
RevokeSecurityGroup          | StartInstance
StopInstance                 | UnassociateEipAddress
```

图 12.16　ECS 支持的所有命令

查看 ECS 某个操作具体对应的参数值，命令如图 12.17 所示。

```
-bash-4.1$ aliyuncli ecs DescribeRegions help
usage: aliyuncli <command> <operation> [options and parameters]
[ecs.DescribeRegions]: current operation can uses parameters as follow :

--AccessKeyId        | --AccessKeySecret
--Endpoint           | --OwnerAccount
--OwnerId            | --ResourceOwnerAccount
--output
```

图 12.17　查看具体操作的参数

（4）参数值输入的要求。

阿里云命令行工具在调用时，可能需要传递相应的值给命令行工具。此时，需要用户在传递值时注意以下事项：

①传递 String 或数字类型的值。

大部分情况下，用户会传递一个 String 类型或者一个数字类型的值到阿里云命令行工具，此时只需简单地写上需要的值即可。例如：

```
$ aliyuncli ecs DescribeInstanceAttribute --InstanceId myInstanceId
```

②输入中有空格。

如果用户的输入中有空格出现，那么请使用单引号（'）括住输入的值。在 Windows PowerShell、MacOS 以及 Linux 环境下，都可采用这种方式。例如：

```
$ aliyuncli ecs DescribeInstanceAttribute --InstanceId 'my instance id'
```

如果采用的是 Windows Command Processer，请使用双引号（"）括住输入的值。例如：

```
> aliyuncli ecs DescribeInstanceAttribute --InstanceId "my instance id"
```

③使用 JSON 格式作为参数。

JSON 格式在阿里云命令行工具中是允许使用的，特别是当用户要同时查询多个实例信息或者多个磁盘信息时，可以按照 JSONArray 的格式传入多个 ID 值。JSON 格式需要用户严格按照 JSON 格式编写数据，并且要对 JSON 格式中的双引号（"）进行特殊的处理。

查询多个实例信息时传值方式为["my-intances-id1"，"my-instances-id2"]，然而在 Python 环境下，双引号（"）会被系统默认过滤掉，因此需要特殊处理。

在 Linux 和 MacOS 环境下，请用单引号（'）括住整个 JSON 的值。例如：

```
$ aliyuncli ecs DescribeInstances --InstanceIds '["my-intances-id1",
"my-instances- id2"]'
```

而在 Windows Command Processer 环境下，双引号（"）需要用反斜杠（\）方式表示，同时再用双引号（"）将整个 JSON 值括住。例如：

```
> aliyuncli ecs DescribeInstances --InstanceIds "[\"my-intances-id1\",
\"my-instances-id2\"]"
```

如果采用的是 Windows PowerShell，那么请用单引号（'）加上反斜杠（\）方式来表示。例如：

```
> aliyuncli ecs DescribeInstances --InstanceIds '[\"my-intances-id1\",
\"my-instances-id2\"]'
```

在使用阿里云命令行工具时，要参考上面的说明处理用户的输入值，避免出现错误。

④控制命令输出。

为了满足不同的用户在实际使用中可能对输出格式的不同要求，阿里云命令行工具支持三种不同的输出格式：

➤ JSON

JSON 格式是阿里云命令行工具默认的输出格式，大多数语言有内置功能或者公开的 JSON 解析库，提供方法轻松地解析 JSON 字符串。JSON 格式主要可用在其他脚本或者任意编程语言的联合作业中，便于开发者解析和使用，如图 12.18 所示。

➤ 制表符分隔的文本（Text）

Text 格式将阿里云命令行工具的输出组织为制表符分隔的行。此格式适合在传统 UNIX 文本工具（如 sed、grep 和 awk）以及 Windows PowerShell 中使用。Text 输出格式遵循如图 12.19 所示的基本结构。这些列根据底层 JSON 对象相应的键名称按字母顺序排序。

```
-bash-4.1$ aliyuncli ecs DescribeRegions --output json
{
    "Regions": {
        "Region": [
            {
                "LocalName": "\u6df1\u5733",
                "RegionId": "cn-shenzhen"
            },
            {
                "LocalName": "\u9752\u5c9b",
                "RegionId": "cn-qingdao"
            },
            {
                "LocalName": "\u5317\u4eac",
                "RegionId": "cn-beijing"
            },
            {
                "LocalName": "\u9999\u6e2f",
                "RegionId": "cn-hongkong"
            },
            {
                "LocalName": "\u676d\u5dde",
                "RegionId": "cn-hangzhou"
            },
            {
                "LocalName": "\u7f8e\u56fd\u7845\u8c37",
                "RegionId": "us-west-1"
            }
        ]
    },
    "RequestId": "B0626530-F8F2-47E6-A786-BFF3F93EF766"
}
```

图 12.18　JSON 格式

```
-bash-4.1$ aliyuncli ecs DescribeRegions --output text
A012E1D4-5768-4280-9E87-03466DD4B0FF
REGION  深圳     cn-shenzhen
REGION  青岛     cn-qingdao
REGION  北京     cn-beijing
REGION  香港     cn-hongkong
REGION  杭州     cn-hangzhou
REGION  美国硅谷        us-west-1
```

图 12.19　Text 格式

➤ ASCII 格式的表（Table）

Table 格式生成便于用户阅读的阿里云命令行工具输出格式，如图 12.20 所示。

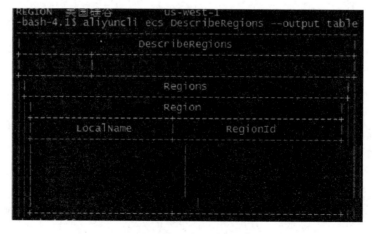

图 12.20　Table 格式

输出格式可以通过以下两种方式制定。

方式一：在配置文件中使用 output 选项。例如，以下示例将输出设置为 Text 格式：

```
[default]  output=text
```

方式二：在命令行上使用 "--output" 选项。例如：

```
$ aliyuncli ecs DescribeInstanceAttribute --InstanceId i-23rjh06vf --output
table
```

2．多账户使用

阿里云命令行工具支持多账户系统的管理操作，用户可以根据需要配置多个 AccessKey、AccessKey Secret、Region 和 Output，这样可以更加灵活地支持各种不同的需求。基本命令结构如下：

```
$ aliyuncli configure [set/get/list] --profile profilename --key value
--key1 value1
```

其中：

configure：表示要进行配置管理。

set：可选操作，表示要设置一个配置的值。

get：可选操作，表示要显示一个配置的值。

list：可选操作，表示要列出一个 profile 所有的值。

--key：配置 profile 时，具体的 key。

value：跟在--key 后面，配置中的 value。

--profile：全局参数，表示当前操作中采用的 profile 是什么。具体可以参考使用指南中对 profile 的说明，如果不带此选项，那么表示用 default 的账户。

通过上面的命令，用户可以轻松地对多账户系统进行配置和管理操作。

在配置文件中，我们分为两类账户：default 账户和 profile profilename 账户。在使用命令行工具时，不带"--profile"就采用"[default]"账户；带了"--profile profilename"，就用"[profile profilename]"账户。

①--profile 示例如下：

快速配置"[default]"账户。

```
$ aliyuncli configure
```

快速配置"[profile test]"账户。

```
$ aliyuncli configure --profile test
```

②set 示例如下：

设置"[default]"账户，使 output=table，region=cn-qingdao。

```
$ aliyuncli configure set --output table --region cn-qingdao
```

设置"[profile test1]"账户，使 output=json，region=cn-hangzhou。

```
$ aliyuncli configure set --output json --region cn-hangzhou
```

③get 示例如下：

获取"[default]"账户的 region 值。

```
$ aliyuncli configure get region
```

获取"[default]"账户的 output 和 region 值。

```
$ aliyuncli configure get output region
```

获取"[profile profile1]"账户下的 region 值。

```
$ aliyuncli configure get region --profile profile1
```

④list 示例如下：

列出"[default]"账户下的信息，如图 12.21 所示。

```
$ aliyuncli configure list
```

列出"[profile profile1]"账户下的信息。

```
$ aliyuncli configure list --profile profile1
```

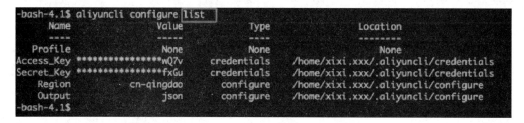

图 12.21　使用 list 示例

3．全局 SDK 版本配置

阿里云 SDK 以产品为维度，用户可以根据自己的需求分别安装和使用，而且可以选择各个不同的 SDK 版本（对应于不同的 OpenAPI 版本）。

在阿里云命令行工具中，用户可以轻松地配置想要的产品版本。如果不配置，工具默认会采用最新的版本工作。配置示例如下：

```
$ aliyuncli ecs ConfigVersion --version v20140526
```

如果用户要查看当前系统中安装的 ECS 产品的所有 SDK 的版本，可以用以下方法：

```
$ aliyuncli ecs ShowVersions
* v20140526  ← 当前默认使用的版本，如果不配置则默认采用最新版本
  v20150304  ← 当前系统中安装的 SDK 版本
  v20140526
```

保存的位置在 ~/.aliyuncli/sdk_version（Linux、OS X 或 UNIX）或者 C:\Users\USERNAME.aliyuncli\sdk_version（Windows）。sdk_version 中存放的是当前命令行工具默认采用的 SDK 版本，按照产品维度划分：

```
$ vim sdk_version
ecs = v20140526
rds = v20150405
...
```

在执行命令时，用户可以采用--version 选项加版本信息的方式作为临时参数，指定当前命令采用某一个版本的 OpenAPI。但前提是，这个版本是正确的，也就是系统中已正确安装。如果没有安装，则会报错。例如：

```
$ aliyuncli ecs DescribeRegions --version v20140526
```

表示当前用 ECS 产品 v20140526 的版本来执行。如果不知道系统有哪些版本，则用如下命令查看：

```
$ aliyuncli ecs ShowVersions
```

4．高级过滤功能

阿里云 API 调用返回的数据，虽然能够以各种格式呈现出来，但依旧过于繁杂。阿里云命令行工具进一步提供了过滤数据的功能，用户使用 filter 进行数据过滤。从 OpenAPI 调用过来的数据默认采用 JSON 格式，因此在使用命令行工具时，可以根据 JSON 的特点，使用 filter 功能直接获取想要的结果。以 ECS DescribeRegions 为例，执行如下命令：

```
$ aliyuncli ecs DescribeRegions --output json
```

输出原始的 JSON 格式如图 12.22 所示。

```
-bash-4.1$ aliyuncli ecs DescribeRegions --output json
{
    "Regions": {
        "Region": [
            {
                "LocalName": "\u6df1\u5733",
                "RegionId": "cn-shenzhen"
            },
            {
                "LocalName": "\u9752\u5c9b",
                "RegionId": "cn-qingdao"
            },
            {
                "LocalName": "\u5317\u4eac",
                "RegionId": "cn-beijing"
            },
            {
                "LocalName": "\u9999\u6e2f",
                "RegionId": "cn-hongkong"
            },
            {
                "LocalName": "\u676d\u5dde",
                "RegionId": "cn-hangzhou"
            },
            {
                "LocalName": "\u7f8e\u56fd\u7845\u8c37",
                "RegionId": "us-west-1"
            }
        ]
    },
    "RequestId": "B0E4042E-A543-4DEB-88C4-7D769C460D54"
}
```

图 12.22　JSON 输出格式

①过滤 1：可以直接输入一个 key 值进行过滤。

请执行如下命令进行过滤：

```
$ aliyuncli ecs DescribeRegions -output json -filter Regions
```

过滤结果如图 12.23 所示。

②过滤 2：若 JSON 的值是一个数值，那么命令行工具支持数组下标格式。

执行如下命令：

```
$ aliyuncli ecs DescribeRegions -output json -filter Regions.Region[0]
```

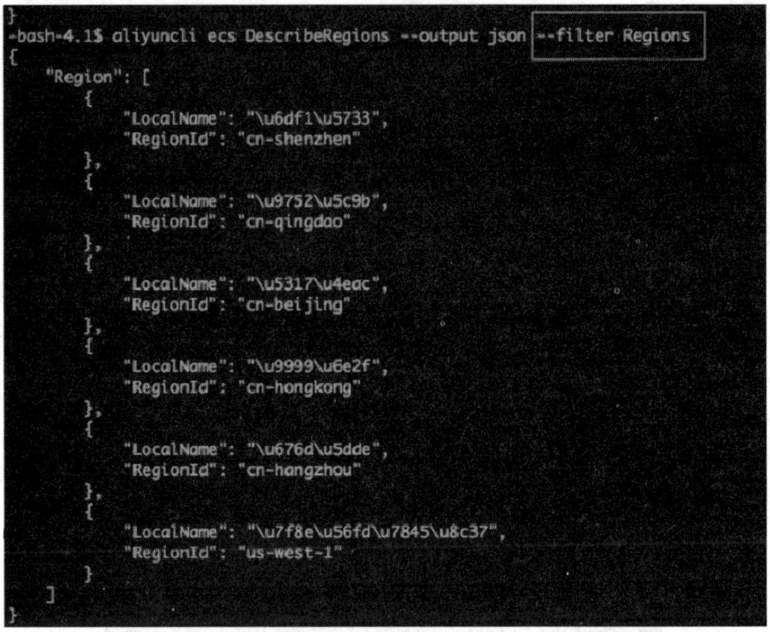

图 12.23　使用 key 过滤输出

过滤结果如图 12.24 所示。

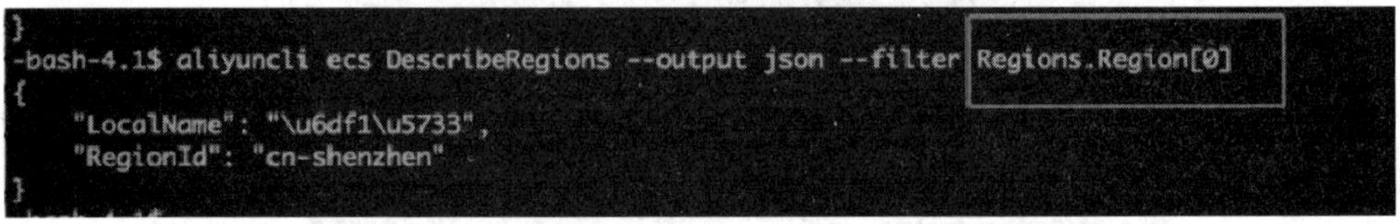

图 12.24　使用数值过滤输出

特别地，阿里云命令行工具还支持"*"的表达方式，表示所有结果的集合。过滤的结果有多个时，会以数组形式返回。

执行如下命令：

```
$ aliyuncli ecs DescribeRegions -output json -filter Regions.Region[*].RegionId
```

过滤结果如图 12.25 所示。

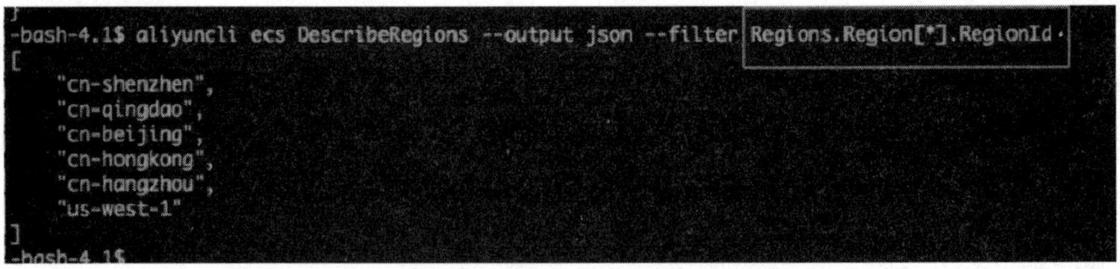

图 12.25　使用带"*"过滤输出

③过滤 3：阿里云命令行工具对显示结果精确到一个值进行过滤。

执行如下命令：

```
$ aliyuncli ecs DescribeRegions -output json -filter Regions.Region[3].
RegionId
```

过滤结果如图 12.26 所示。

图 12.26　使用精确值输出

filter 功能可以从结果中直接过滤出想要的值，不论是使用还是二次开发都能对结果进行
处理，方便又快捷。

任务 12.2　使用 CLI 管理阿里云云服务器 ECS

任务的实施将基于阿里云、腾讯云和华为云的平台完成，本文以阿里云平台
操作描述为主线，华为云和腾讯云平台操作的任务实践，请扫描二维码，浏览电
子活页中的操作任务进行学习和实践。

华为云

1．任务描述

在本地下载并安装 CLI，然后安装 ECS 的 SDK，通过 CLI 对部署"慕课云"的云服务器
ECS 进行查看、基本信息导出、密码修改、重启、停止等操作。

2．任务目标

（1）学会下载并安装 CLI。
（2）学会安装各个阿里云产品的 SDK。
（3）学会使用 CLI 管理阿里云云产品。

3．任务实施

【准备】
（1）在官网下载 CLI 安装包。
（2）开通一个云服务器 ECS 实例。
（3）进入命令提示符界面（DOS 界面）。
在"运行"里面输入 cmd，进入命令提示符界面，如图 12.27 所示。

图 12.27　命令提示符界面

【步骤】

（1）检查是否已安装 Python 2.X。

使用"python -V"命令检查当前环境下 Python 的安装版本，如果版本过低需要进行升级，如下所示：

```
C:\Users\dell>python -V
Python 2.7.8
```

（2）下载并安装 CLI。

进入阿里云云市场（https://market.aliyun.com/），搜索阿里云命令行工具，进入购买页面，如图 12.28 所示。

图 12.28 CLI 购买界面

在管理控制台页面，进入云市场的"已购买的服务"页面，可以看到已购买的阿里云命令行工具产品，单击"管理"按钮，如图 12.29 所示。

图 12.29 "已购买的服务"页面

在管理页面，可以看到软件的下载地址，如图 12.30 所示。

图 12.30　查看软件下载地址

根据操作系统选择合适的安装文件后开始安装，如图 12.31 所示。

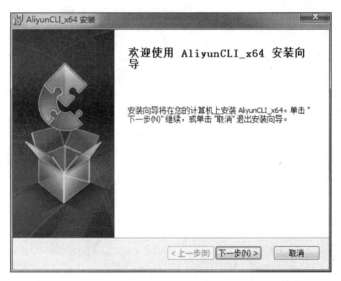

图 12.31　CLI 安装向导

安装完成后，执行"aliyuncli"命令，验证安装成功，如下所示：

```
C:\Users\Administrator> aliyuncli
usage: aliyuncli <command> <operation> [options and parameters]
<aliyuncli> the valid command as follows:
```

使用"aliyuncli configure"命令，配置 AccessKey 等基本信息，如下所示：

```
C:\Users\Administrator>aliyuncli configure
Aliyun Access Key ID [None]: LTAI********fOMT
Aliyun Access Key Secret [None]: Kqrp*******************AIJO
Default Region Id [None]: cn-huhehaote
Default output format [None]: table
```

（3）下载并安装 pip。

使用"python get-pip.py"命令，进行 pip 安装，如下所示：

```
C:\Users\Administrator>cd E:\aliyun
C:\Users\Administrator>e:
E:\aliyun>python get-pip.py
```

pip 安装完成后，执行 "aliyuncli" 命令，查看安装结果，如下所示：

```
E:\aliyun>aliyuncli
usage: aliyuncli <command> <operation> [options and parameters]
<aliyuncli> the valid command as follows:
```

（4）用 pip 安装 ECS 的 SDK。

使用 pip 安装 ECS 的 SDK，如下所示：

```
C:\Users\Administrator>pip install aliyun-python-sdk-ecs
```

（5）使用 CLI 管理云服务器 ECS。

显示 ECS 实例的详细属性，如下所示：

```
C:\Users\Administrator> aliyuncli ecs DescribeInstanceAttribute
--InstanceId i-234r6h8j3
```

导出 ECS 实例的基本信息，如下所示：

```
C:\Users\Administrator>aliyuncli ecs ExportInstance --InstanceId
i-234r6h8j3 --filename d:\mooccloud.txt
```

修改 ECS 实例的密码，如下所示：

```
C:\Users\Administrator>aliyuncli ecs ModifyInstanceAttribute --InstanceId
i-234r6h8j3 --Password Mooccloud2016
```

重启 ECS 实例，使修改密码生效，如下所示：

```
C:\Users\Administrator> aliyuncli ecs RebootInstance --InstanceId
i-234r6h8j3
```

停止 ECS 实例，如下所示：

```
C:\Users\Administrator> aliyuncli ecs StopInstance --InstanceId i-234r6h8j3
```

启动 ECS 实例，如下所示：

```
C:\Users\Administrator> aliyuncli ecs StartInstance --InstanceId
i-234r6h8j3
```

习题

阿里云命令行工具是基于阿里云 OpenAPI 建立的手工管理工具，它具有哪些功能？

"慕课云" 代码目录结构说明

"慕课云"项目开发使用的是 Java 的主流开发框架 Spring MVC，代码结构列表如附图 A.1 所示。

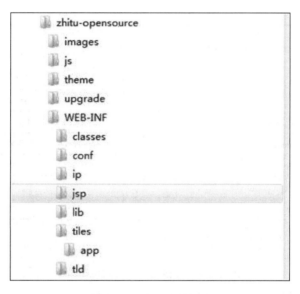

附图 A.1　代码结构列表

（1）images：存放网页中用到的相关图片。

（2）js：JavaScript 相关的文件，包括 jQuery 等。

（3）theme：样式表与样式中需要使用的图片等文件。

（4）WEB-INF/classes：项目中 Java 源码编译的 class 文件目录。

（5）WEB-INF/conf：项目常用的配置项。

（6）WEB-INF/ip：GeoLite2 的 IP 城市库。

（7）WEB-INF/jsp：项目页面的展示文件。

（8）WEB-INF/lib：项目使用的 Java 库的 jar 文件。

（9）WEB-INF/tiles：tiles 模板库。

附录 **B**
"慕课云"数据库设计说明

1．表格清单（见附表 B.1）

附表 B.1　表格清单

名　　称	注　　释
log_study	学习日志表
log_study_pos	学习日志详情表
log_user_visit	用户访问页面表
log_user_visit_pos	访问页面详情表
mooc_unit	课程单元表
mooc_unit_item	课程讲表
mooc_user_info	用户表
mooc_user_study	用户学习记录表

2．表格 log_study 的列清单（见附表 B.2）

附表 B.2　表格 log_study 的列清单

名　　称	注　　释	数 据 类 型	是 否 主 键
log_id	学习日志 ID	varchar（64）	TRUE
item_id	节 ID	bigint（20）	FALSE
item_type	节类型	int（2）	FALSE
user_id	用户 ID	bigint（20）	FALSE
visit_key	访客键值	varchar（128）	FALSE
visit_date	访问时间	datetime	FALSE
visit_time	访问时间戳	bigint（20）	FALSE
visit_year	访问时间的年	int（11）	FALSE
visit_month	访问时间的月	int（11）	FALSE
visit_day	访问时间的日	int（11）	FALSE
ip_address	访客 IP 地址	varchar（32）	FALSE
country	访客国家	varchar（128）	FALSE
province	访客省份	varchar（128）	FALSE

续表

名　　称	注　　释	数 据 类 型	是 否 主 键
city	访客城市	varchar（128）	FALSE
os_name	访客操作系统名称	varchar（16）	FALSE
os_ver	访客操作系统版本	varchar（16）	FALSE
display_size	访客显示器大小（宽×高）	varchar（16）	FALSE
display_color	访客显示器颜色位数	varchar（16）	FALSE
browser_name	访客浏览器名称	varchar（16）	FALSE
browser_ver	访客浏览器版本	varchar（16）	FALSE
cookie_supported	访客浏览器是否支持 Cookie	varchar（16）	FALSE
js_supported	访客浏览器是否支持 JavaScript	varchar（16）	FALSE
flash_supported	访客浏览器是否支持 Flash	varchar（16）	FALSE
flash_ver	访客浏览器 Flash 版本	varchar（16）	FALSE
lang	访客浏览器语言	varchar（32）	FALSE
referer_url	访客来源地址	varchar（2048）	FALSE
visit_pos_count	学习位置数量	int（11）	FALSE
visit_first_post	开始位置	int（11）	FALSE
visit_last_pos	结束位置	int（11）	FALSE
visit_duration	学习持续时长	int（11）	FALSE
last_pos_id	最后一次学习位置 ID	varchar（64）	FALSE
visit_session	访问会话标识	varchar（128）	FALSE
user_agent	浏览器 UserAgent	varchar（512）	FALSE
formal_flag	保留	int（11）	FALSE

3. 表格 log_study_pos 的列清单（见附表 B.3）

附表 B.3　表格 log_study_pos 的列清单

名　　称	注　　释	数 据 类 型	是 否 主 键
post_id	学习位置 ID	varchar（64）	TRUE
log_id	学习日志 ID	varchar（64）	FALSE
visit_date	学习时间	datetime	FALSE
visit_time	学习时间戳	bigint（20）	FALSE
visit_pos	学习位置	int（11）	FALSE
visit_duration	学习持续时间	int（11）	FALSE
action_type	行为类型	int（11）	FALSE

4. 表格 log_user_visit 的列清单（见附表 B.4）

附表 B.4　表格 log_user_visit 的列清单

名　　称	注　　释	数　据　类　型	是　否　主　键
log_id	访问日志 ID	varchar（64）	FALSE
user_id	用户 ID	bigint	FALSE
visit_key	访客键值	varchar（128）	FALSE
visit_date	访问时间	datetime	FALSE
visit_time	访问时间戳	bigint	FALSE
visit_year	访问时间的年	int（11）	FALSE
visit_month	访问时间的月	int（11）	FALSE
visit_day	访问时间的日	int（11）	FALSE
ip_address	访客 IP 地址	varchar（32）	FALSE
country	访客国家	varchar（128）	FALSE
province	访客省份	varchar（128）	FALSE
city	访客城市	varchar（128）	FALSE
os_name	访客操作系统名称	varchar（16）	FALSE
os_over	访客操作系统版本	varchar（16）	FALSE
display_size	访客显示器大小（宽×高）	varchar（16）	FALSE
display_color	访客显示器颜色位数	varchar（16）	FALSE
browser_name	访客浏览器名称	varchar（16）	FALSE
browse_ver	访客浏览器版本	varchar（16）	FALSE
cookie_supported	访客浏览器是否支持 Cookie	varchar（16）	FALSE
js_supported	访客浏览器是否支持 JavaScript	varchar（16）	FALSE
flash_supported	访客浏览器是否支持 Flash	varchar（16）	FALSE
flash_ver	访客浏览器 Flash 版本	varchar（16）	FALSE
lang	访客浏览器语言	varchar（32）	FALSE
referer_url	访客来源地址	varchar（2048）	FALSE
visit_url	访客访问地址	varchar（2048）	FALSE
visit_duration	访问持续时间	int（11）	FALSE
visit_session	访问会话标识	varchar（128）	FALSE
user_agent	浏览器 UserAgent	varchar（512）	FALSE
last_pos_id	最后一次访问位置 ID	varchar（64）	FALSE
visit_pos_count	访问位置数量	int（11）	FALSE

5. 表格 log_user_visit_pos 的列清单（见附表 B.5）

附表 B.5 表格 log_user_visit_pos 的列清单

名　称	注　释	数 据 类 型	是 否 主 键
pos_id	访问位置 ID	varchar（64）	TRUE
log_id	访问日志 ID	varchar（64）	FALSE
visit_date	访问时间	datetime	FALSE
visit_time	访问时间戳（毫秒）	bigint	FALSE
visit_duration	访问持续时间	int（11）	FALSE
referer_url	来源地址	varchar（2048）	FALSE
visit_url	访问地址	varchar（2048）	FALSE

6. 表格 mooc_unit 的列清单（见附表 B.6）

附表 B.6　表格 mooc_unit 的列清单

名　称	注　释	数 据 类 型	是 否 主 键
unit_id	单元 ID	bigint	TRUE
unit_no	单元 No	varchar（50）	FALSE
unit_name	单元名称	varchar（50）	FALSE
display_order	排序	int（10）	FALSE
delete_flag	删除标志	int（1）	FALSE
create_date	创建时间	datetime	FALSE

7. 表格 mooc_unit_item 的列清单（见附表 B.7）

附表 B.7　表格 mooc_unit_item 的列清单

名　称	注　释	数 据 类 型	是 否 主 键
item_id	讲 ID	bigint	TRUE
unit_id	章节 ID	bigint	FALSE
item_name	节名称	varchar（400）	FALSE
video_name	视频名称	varchar（400）	FALSE
video_pic	视频封面地址	varchar（400）	FALSE
video_url	视频地址	varchar（400）	FALSE
display_order	排序	int（12）	FALSE
video_flv_url	视频播放地址	varchar（400）	FALSE
duration	视频时长	bigint	FALSE
delete_flag	删除标志	int（1）	FALSE

8. 表格 mooc_user_info 的列清单（见附表 B.8）

附表 B.8　表格 mooc_user_info 的列清单

名　　称	注　　释	数 据 类 型	是 否 主 键
user_id	用户 ID	bigint	TRUE
nick_name	昵称	varchar（100）	FALSE
login_name	用户名	varchar（100）	FALSE
password	密码	varchar（100）	FALSE
role	角色 10：系统管理员 20：普通用户（默认）	int（2）	FALSE
useravatar	头像	varchar（200）	FALSE
delete_flag	删除标志 0：未删除（默认） 1：删除	int（1）	FALSE
create_date	创建日期	datetime	FALSE
last_login_date	最后一次登录时间	datetime	FALSE
last_item_id	最后一次学习的讲 ID	bitint	FALSE
useravatar30	小头像地址	varchar（100）	FALSE
useravatar60	中头像地址	varchar（100）	FALSE
useravatar90	大头像地址	varchar（100）	FALSE

9. 表格 mooc_user_study 的列清单（见附表 B.9）

附表 B.9　表格 mooc_user_study 的列清单

名　　称	注　　释	数 据 类 型	是 否 主 键
sid	记录 ID	bigint	TRUE
unit_id	章节 ID	bigint	FALSE
item_id	讲 ID	bigint	FALSE
first_date	第一次学习时间	datetime	FALSE
current_position	当前学习的位置（毫秒）	bigint	FALSE
max_position	学习最大位置（毫秒）	bigint	FALSE
duration	视频总时间（毫秒）	bigint	FALSE
is_over	是/否学完 0：未学（默认） 1：学习中 2：已学完	int（1）	FALSE
first_timedate	第一次学习时间戳（毫秒）	bigint	FALSE

（1）阿里云产品与服务概览 http://link.chinamoocs.com/Kl9xEXk6F1
（2）阿里云用户中心与管理控制台 http://link.chinamoocs.com/ k2dz6OW4bN
（3）阿里云云服务器 ECS http://link.chinamoocs.com/ ImEnaMN6KV
（4）阿里云云数据库 RDS http://link.chinamoocs.com/ HhAYJjVnIc
（5）阿里云对象存储 OSS http://link.chinamoocs.com/ 2QwHCrQJw7
（6）阿里云负载均衡 SLB http://link.chinamoocs.com/ NDGnHZEanq
（7）阿里云云数据库 Redis 版 http://link.chinamoocs.com/ xuMcDNrxtp
（8）阿里云弹性伸缩 http://link.chinamoocs.com/ i4JEVHYrh2
（9）阿里云内容分发网络 CDN http://link.chinamoocs.com/ AqJOhg7XB4
（10）阿里云专有网络 VPC http://link.chinamoocs.com/ VxmLJ0JhiU
（11）阿里云云盾 http://link.chinamoocs.com/ Bk9TCldpzn
（12）阿里云云监控 http://link.chinamoocs.com/ 77uQURj0XE
（13）阿里云命令行工具 CLI http://link.chinamoocs.com/ YXD6QMBSdm

参 考 文 献

[1] 阿里云官网. http://www.aliyun.com

[2] 腾讯云官网. https://www.cloud.tencent.com/

[3] 华为云官网. https://www.huaweicloud.com/

[4] 知途网. http://www.chinamoocs.com

[5] 中国信息通信研究院. 云计算白皮书2022[R]. 北京：中国信息通信研究院，2022.

[6] 周憬宇，李武军，过敏意. 飞天开放平台编程指南[M]. 北京：电子工业出版社，2013.

[7] 雷葆华，绕少阳，江峰，等. 云计算解码——技术架构和产业运营[M]. 北京：电子工业出版社，2011.

[8] 吴剑，梁琦，马珂洁. 微软云计算：Microsoft Azure开发与应用[M]. 北京：电子工业出版社，2014.

部分习题参考答案